KB079418

상대성 이론과 상식의 세계

상대성 이론과 상식의 세계

아인슈타인에 대한 새로운 접근

–

초판 1쇄 1995년 03월 30일

개정 1쇄 2022년 05월 03일

–

지은이 헤르만 본디

옮긴이 박승재•조항숙

발행인 손영일

디자인 이보람

–

펴낸 곳 전파과학사

출판등록 1956. 7. 23 제 10-89호

주 소 서울시 서대문구 증가로18, 204호

전 화 02-333-8877(8855)

팩 스 02-334-8092

이메일 chonpa2@hanmail.net

홈페이지 www.s-wave.co.kr

공식 블로그 http://blog.naver.com/siencia

ISBN 978-89-7044-709-4 (03420)

상대성 이론과 상식의 세계

아인슈타인에 대한 새로운 접근

헤르만 본디 지음 | 박승재 · 조향숙 옮김

전파과학사

과학 연구 총서

과학 연구 총서는 알려져 있는 가장 작은 입자들에서부터 우주 전체에 이르기까지, 과학의 가장 흥미 있고 근본적인 주제들에 대하여 뛰어난 저자들의 저술을 학생들과 일반 대중에게 제공한다. 이 총서 가운데 일부의 책들은 인간 세상에서의 과학의 역할, 인간의 기술 그리고 문명에 대하여 말하고 어떤 책들은 본질적으로 위인전적인 것으로, 가장 위대한 발견자들과 그 발견에 대한 흥미 있는 이야기들을 말한다. 모든 저자들은 그들이 다루는 분야에서의 전문성과 그들의 특수한 지식을 전달하는 능력 그리고 재미있는 그들 나름의 독자적 견해 등을 고려하여 선정되었다. 이 책들의 주된 목적은 젊은 학생들이나 일반인들이 이해할 수 있는 범위 안에서 총체적인 개요를 제공하는 것이다. 희망하건대, 많은 책들이 독자에게 자연현상에 대해 스스로 연구할 수 있도록 독려하기를 바란다.

모든 과학과 그 응용에 대한 주제를 제공하는 이 총서는 중고등학교의 물리교과를 개정하려는 작업에서 시작되었다. 1956년 매사추세츠 공과대학에서 물리학자들, 고등학교 선생님들, 언론인들, 실험도구 디자이너들, 영화 제작자들과 다른 전문가들로 이루어진 한 그룹이 현재 매사추세츠 워터타운에 있는 교육 문제 연구소의 한 분과로 운영되고 있는 "물리과학 연구위원회"를 조직했다. 그들은 물리 학습을 위한 보조물의 고안과 창

조에 관한 그들의 지식과 경험을 한 데 모았다. 초기에 그들은 국립과학재단에서 지원받았고, 국립과학재단은 계속해서 그 프로그램을 도와주고 있다. 포드 재단, 교육진흥재단, 알프레드 슬로우언 재단 등도 지원을 하고 있다. 위원회는 교과서, 광범위한 영화 시리즈, 실험실 안내서, 특별히 고안된 실험기구, 그리고 선생님들의 참고자료 등을 제작했다.

이 총서는 다음의 편집 위원회에 의해 편집되었다

브루스 F. 킹스베리; 운영 위원장,

존 H. 덜스톤; 편집 위원장,

그리고 자연 보호 재단과 하코트 브루스・월드사(Harcourt, Bruce & World, Inc.)의 폴 F. 브랜드와인; 브루크헤븐 국립연구소(Brookhaven National Laborratory)의 새뮤얼 구드스밋; 하버드 대학의 필립 르콜바일러; 그리고 사이언티픽 어메리칸(Scientific American)의 제러드 피엘.

서문

과학 연구 총서 중 본디 교수의 두 번째 저서인 이 책은 일반 대중에게 상대성 이론을 설명하는 이전의 모든 시도와 근본적으로 다르다.

이전의 저자들은 아이작 뉴턴의 아이디어에 반(反)하여 상대성 이론을 전개하려고 시도해 왔지만, 본디 교수는 뉴턴의 아이디어에서 상대성 이론을 유도한다. 그는 상대성 이론을 혁명적이거나 고전역학을 파괴한 것이라기보다는 오히려 인간이 광속에 가까운 속도를 다루기 시작할 때 피할 수 없는 유기적인 성장(organic growth)으로 본다.

수학적 기초가 약한 독자들도 상대성 이론의 기본적 관점을 이해하는 데 필요한 본디 교수의 수학의 유도를 따라가는 것이 전혀 어렵지 않을 것이다. 50년 동안, 사람들은 서로 상대적으로 움직이는 좌표계들에 관한 로렌츠 변환에서 시작하여, 그 변환식으로부터 특수 상대성 이론의 개념들과 특징적인 효과들을 밝혀 왔다. 본디 교수는 그 과정을 완전히 뒤집었다. 그는 먼저 이러한 개념들과 효과들을 확립하고 나서 간단한 대수로 그것이 어떻게 로렌츠 변환에 이르는가를 나타내 보인다. 이처럼 초심자들은 상대성 이론에 대한 본디 교수의 접근 방법으로부터 독특한 장점을 맛볼 것이다. 그는 뉴턴의 아이디어에 대한 이해를 이용해서 상대성 이론의 개념들을 전개하고, 상대론적 개념들을 사용하여 한 스텝에서 다음 스텝으로 논리적으로 발전하는 수학적 형식을 유도했다. 따라서, 독자는 확신을 가지고 나아갈 수 있다. 그의 전 저서인 『광

대한 우주(The Universe at Large)』(1960)와 같이, 이 책은 The Illustrated London News에 쓰인 논문에서 시작되었으나, 이번 출판을 위해 저자가 원본을 개정 및 증보했다.

상대성 이론과 중력 이론은 본디 교수의 전문적인 관심 분야이지만, 과학에 관심 있는 일반인이나 학생들에게는 소위 우주의 '정상상태 이론'의 중요한 세 창안자 중 한 사람으로 가장 잘 알려져 있다. 이 중 나머지 두 사람은 프레드 호일과 토머스 골드이다. 비엔나 출신인 본디 교수는 영국 케임브리지에 있는 트리니티 칼리지에서 박사 학위를 받았으며 런던대학 킹스 칼리지의 응용수학과 교수이다. 그는 과학자들이 사회에 과학이 무엇인지를 알려줄 의무가 있다고 강하게 믿으며, 빈번한 BBC 교육방송 출연으로 그는 비록 스타는 아니지만 영국 텔레비전 시청자들에게는 적어도 어느 정도 비중 있는 인물이 되었다.

본디 교수는 케임브리지 철학학회 회원, 왕립 천문학회 회원, 그리고 왕립학회 회원이다.

목차

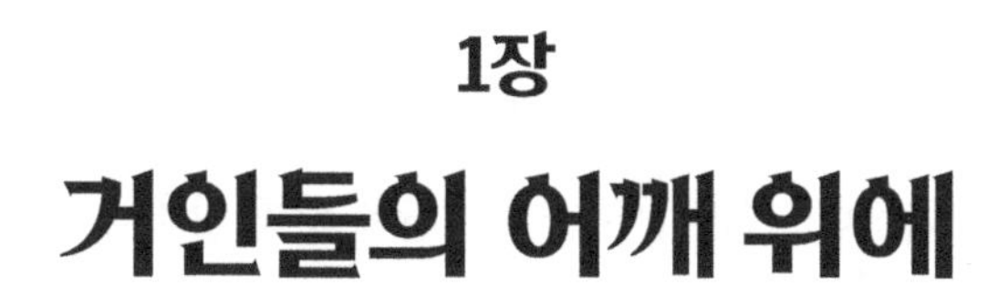

1장
거인들의 어깨 위에

상대성 이론이 처음 나왔을 때부터 그 이후 오랫동안 상대성 이론은 혁명적인 것으로 여겨졌다. 상대성 이론이 갖는 아주 독특한 관점에 사람들의 관심이 모아졌다. 그러나 시간이 지남에 따라 알버트 아인슈타인의 업적이 불러일으킨 센세이션은 적어도 과학자들 사이에서는 더 이상 경이롭지 않게 되었고, 아이작 뉴턴과 갈릴레오 시대 이래로 물리학에서의 모든 업적의 자연스러운 결과이자 성장이라고 받아들이게 되었다. 비록 그 이론으로 인하여 몇몇 중요한 개념들은 상당히 커다란 변화를 겪었지만, 오늘날 우리는 그렇게 변화를 겪은 개념들은 보다 덜 중요한 것이고, 변화되지 않은 개념들은 보다 더 중요하고 근본적인 개념이라고 생각한다.

그러므로 이 책에서 따르게 될 접근 방법은 상대성 이론의 전통주의자의 접근 방법이라고 할 것이다. 이것은 자연과학을 시작하는 전통이기 때문에, 상대성 이론이 만들어지기 이전 물리학의 근본적인 많은 아이디어를 고려해야만 한다. 과학은 계속 발전하고 있다. 뉴턴은 자신의 책에서 “내가 만약 다른 사람들보다 더 멀리 본다면, 그것은 내가 거인의 어깨 위에 서있기 때문이다”라고 아름답게 표현했다. 우리는 이 책에서 뉴턴으로부터 아인슈타인에 이르는 각 단계마다 거인들은 무슨 생각을 했으며, 그러한 관점의 증거가 무엇이었는지를 생생하게 그려야 한다. 상대성 이론처럼 특히 경이적인 이론이 나타날 때 시간이 좀 더 걸리는 것처럼 보인다면, 그 이유는 새로운 것뿐만 아니라 오래된 것에 대한 우리의 기쁨 때문이고, 물리학 분야에서는 계단을 한 걸음씩 올라가야 하는 필요성 때문이다.

힘의 개념

과학에서 가장 어려운 문제 중의 하나는 어떤 특별한 현상이 연구할 가치가 있는가를 결정하는 것이다. 바보는 현자가 대답할 수 있는 것보다 더 많이 질문할 수 있다는 이야기가 있다. 그러나 과학에서는 문제가 매우 많아서 질문에 대답하는 것보다 올바른 질문을 하는 현자가 필요하다. 가장 오래된 문제 중 하나는 운동이다. 운동은 수 세기 동안 사람들을 혼란스럽게 했다. 물체들은 왜 그렇게 움직일까? 물체를 움직이게 만드는 것은 무엇일까? 우리는 생명이 없는 물체를 그냥 두었을 때 움직이지 않게 되는 것이 자연스럽다고 느끼는 것 같다. 되튀는 공은 매회 더 낮게 튀어 결국 움직이지 않게 된다. 구르는 차는 적어도 평지에서는 점점 느려지다가 멈출 것이다. 얼음처럼 아주 매끄러운 물질 위에서도 돌은 미끄러지다가 결국에는 멈추게 될 것이다. 모든 운동이 시작될 때, 공을 던지는 선수처럼 살아 있는 물체가 있는 것 같다. 하지만 작은 규모에서 이러한 관찰이 옳다고 하더라도, 좀 더 큰 규모에서 이런 관점은 와해될 것 같다.

바람의 신에게 호소하지 않더라도 바람은 불고 바람을 미는 어떠한 생물체도 없다. 조수는 밀려왔다 밀려가고, 해류는 흐른다. 무엇보다도 신기한 것은 달과 행성들이 하늘을 가로질러 운동을 계속하는 것이다. 달이 지구를 중심으로 항상 둥글게 도는 것과 공이 되튀다가 정지하는 것 중 어떤 것이 더 복잡한 현상인가? 공은 익숙하고 달의 운동은 공보다 느리게 나타나기 때문에 사람들은 오랫동안 공의 운동이 더 간단해서 정지하는 것이 자연스러우며, 물체를 정지 상태로 잡아당기는 정지 상태에 대한 무엇인가가 있고, 반면에 행성의 계속되는 운동의 경우 천사가 행성의 궤도를 따라 행성을 밀고 있다는 케플러의 아이디어와 같은 어떤 특별한 설명이 필요하다는 결론으로 비약했었다. 물체가 다른 방법으로 돌고 있다는 것을 아는 데는 뉴턴의 천재성이 필요했다. 정지 상태에 관한 특별한 것은 아무것도 없다. 우리 주위에는 영향력이 큰 마찰이라는 일련의 매우 복잡한 현상이 있을 뿐이다. 우리는 하늘에서 마찰에 개의치 않고 천체가 자연스럽게 움직이는 더 간단한 현상을 본다. 뉴턴 이전에는 천체 운동의 영원성을 특별히 설명해야 한다고 여겼다. 즉 힘이라고 생각되는 설명이 었을 것이다. 질문이 잘못되었다는 것을 안 사람은 뉴턴뿐이었다. 속도에 관해 설명해야 할 것은 아무것도 없다. 설명이 필요한 것은 속도 변화, 즉 가속도이다.

가속도의 계산

가속도 개념은 매우 근본적인 것이다. 가속도는 속도 변화의 비를 측정한다. 속력이 증가하거나 감소할 때뿐만 아니라 속도의 방향이 바뀔 때도 속도는 변한다. 물체가 일정한 속도로 직선상을 움직일 때 가속도는 없고, 가속도는 이 표준으로부터 벗어나는 물체의 운동을 측정한다.

오늘날 우리는 유연한 수송수단으로 속도가 중요하지 않다는 것을 깨닫기에 좀 더 좋은 위치에 있다. 집 주방에서 차 한 잔을 따르는 것은 최소한의 기술만으로 가능한 쉬운 작업이다. 시속 600마일로 순조롭게 날고 있는 제트 비행기에서 차 한 잔을 따르는 것도 틀림없이 마찬가지의 기술을 요하는 정확히 같은 작업이다. 한 경우는 우리가 지구에 대해 상대적으로 움직이고 있고 다른 경우는 상대적으로 움직이지 않는다는 차이는 전혀 상관이 없다. 이처럼 우리가 '뉴턴 상대성 이론'이라고 부르는 뉴턴의 첫 번째 위대한 통찰은 속도가 중요하지 않다는 것이다. 그것을 좀 더 정확히 말하면, 한 개의 상자 안에서 일어날 수 있는 것들은 상자의 속도가 일정한 한 그 상자의 속도에 무관하다는 것이다. 이것은 식당차에서 잘 알 수 있다. 만약 기차가 순조롭게 움직이면, 식당차에서 차 한 잔을 따르는 것은 집에서나 제트 여객기에서나 모두 간단하다. 그러나 기차가 급히 멈추고 있거나 굽은 곳을 돌아가거나 교차점에서 급격히 움직이면, 차 한 잔을 따르는 작업에는 매우 많은 기술이 요구되고 그렇지 않으면 차를 많이 흘리게 된다.

이렇게 속도가 일정하지 않기만 하면, 즉 가속도가 있기만 하면 새로운 요인이 생긴다. 이 가속도를 어떻게 계산할 것인가? 이 계산은 속도를 화살표로 나타냄으로써 가장 쉽게 구해지는데, 이때 화살표는 운동의 방향을 나타내고 화살표의 길이는 운동속력을 나타낸다. 각 화살표의 꼬리가 같은 위치에 있는 순간과 나중 순간의 속도 화살표를 비교할 때, 처음 화살표의 머리에서 다음 화살표의 머리까지 가는 화살표가 가속도를 나타낸다. 기차의 속도가 증가하고 있을 때 가속도는 속도와 같은 방향이다. 그러나 적어도 매우 중요한 한 가지 경우는 기차가 굽은 곳을 돌아가고 있을 때이다. 이 경우에 속력은 같지만, 화살표는 연속되는 순간들에 다른 방향들을 가리킨다. 시간적으로 약간 떨어진 두 화살표의 머리들을 연결하는 화살표는 처음의 두 화살표들과 거의 직각을 이루는데 이는 잘 알려져 있다. 가속도는 속도와 직각 방향이다.

가속도를 설명하기 위하여 힘의 개념이 도입된다. 힘은 가속도를 만드는 데 필요한 것이다. 게다가 힘은 생소한 것이 아니다. 돌을 줄로 묶어서 여러분을 중심으로 회전시켜 보자. 그러면, 여러분은 자신으로부터 돌을 일정한 거리로 유지하려는 힘을 써야만 할 것이다. 돌은 원 궤도를 따르고 있어 가속도는 궤도에 직각이다. 그러므로, 가속도는 여러분을 향하고 (비록 줄을 매개로 하지만) 여러분이 돌을 당기는 것은 돌을 그 궤도로 유지하는 가속도를 설명하는 힘이다.

다른 예로 좀 더 큰 규모에서 태양 주위를 도는 지구의 운동을 고려하자(그림 1). '운동을 유지하는 것'을 설명해야 한다고 생각하면 사람들은 운

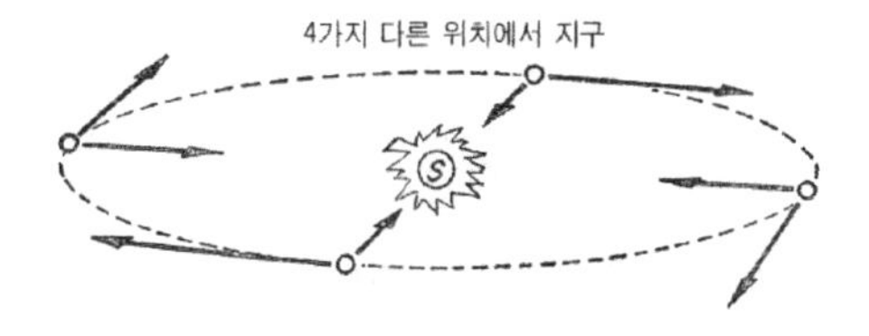

그림 1. 접선 방향의 화살표는 4지점에서 지구의 속도를 가리킨다. 태양을 향하고 있는 직각 방향의 화살표는 가속도 방향이다

동의 원인을 찾기 위해 자연스럽게 지구 속도 방향으로 본다. 그러나 지구 속도 방향으로 보면 중요한 것은 전혀 볼 수 없고 매 순간 다른 물체를 보게 될 뿐이다. 한편, 속도의 직각 방향, 즉 지구의 가속도 방향을 보면 항상 태양을 보게 된다. 태양은 분명히 매우 중요한 물체이다.

바꾸어 말하면, 질문을 단지 "지구 속도의 원인은 무엇인가?"에서 "지구 가속도의 원인이 무엇인가"로 바꾸는 것은 토끼를 쫓는 일에서 태양—우리 천문학의 이웃 중에서 틀림없이 가장 중요한 물체인—을 바라보는 일로 바뀌게 되는 것이다. 단지 한 발을 내디뎌서 질문을 바꾸면, 모르는 지구 운동의 원인에서 지구 궤도의 원인이 태양이라는 당연한 아이디어를 얻는다. 마찬가지로, 뉴턴은 지구를 도는 달의 궤도를 설명할 때 달의 가속도가 항상 지구를 향하고 이것이 달 운동의 원인이 될 수 있다는 것을 보였다.

물리학의 통일성

이렇게 간단하게 고려할 때 또 다른 요점이 나타난다. 전문화와 세분화에 관해 매우 많이 이야기했지만, 우리가 언급해온 물리에서 이러한 매우 간단한 실험과 관찰들은 이제 '물리학의 통일성'을 나타낸다.

교과서와 대학 시험을 위해 물리학은 힘의 과학인 역학 또는 빛의 과학인 광학 등과 같은 과목들로 세분된다. 그러나 이 분류는 극히 인위적이어서 지속될 수 없다. 아마도 순전히 역학적이거나 순전히 광학적인 실험을 생각하는 것은 불가능하다. 항상 약간씩 결합되어 있다. 그래서 뉴턴이 역학은 근본적으로 가속도와 관련되어 있고 지구의 가속도가 태양을 향하고 있는 것으로 밝혀졌다고 말했을 때, 역학과 광학은 결합되었다. 지구 궤도의 기본적인 역학적 성질인 가속도가 우리가 태양을 '보는' 방향이고, 물체를 보는 것은 가장 간단하고 가장 중요한 광학적 관찰이다.

이렇게 가속도가 역학에서 매우 중요하다는 것을 발견한 바로 그 방법이 태양에서 도착하는 빛의 방향에 대한 광학적 관찰에 의존한다. 물리학의 통일성에 대한 이러한 기본적 교훈을 명심하면 우리는 19세기 말 물리학을 오도했던 함정을 쉽게 피할 수 있고 아인슈타인의 상대성 이론의 자취를 반드시 따라갈 수 있을 것이다.

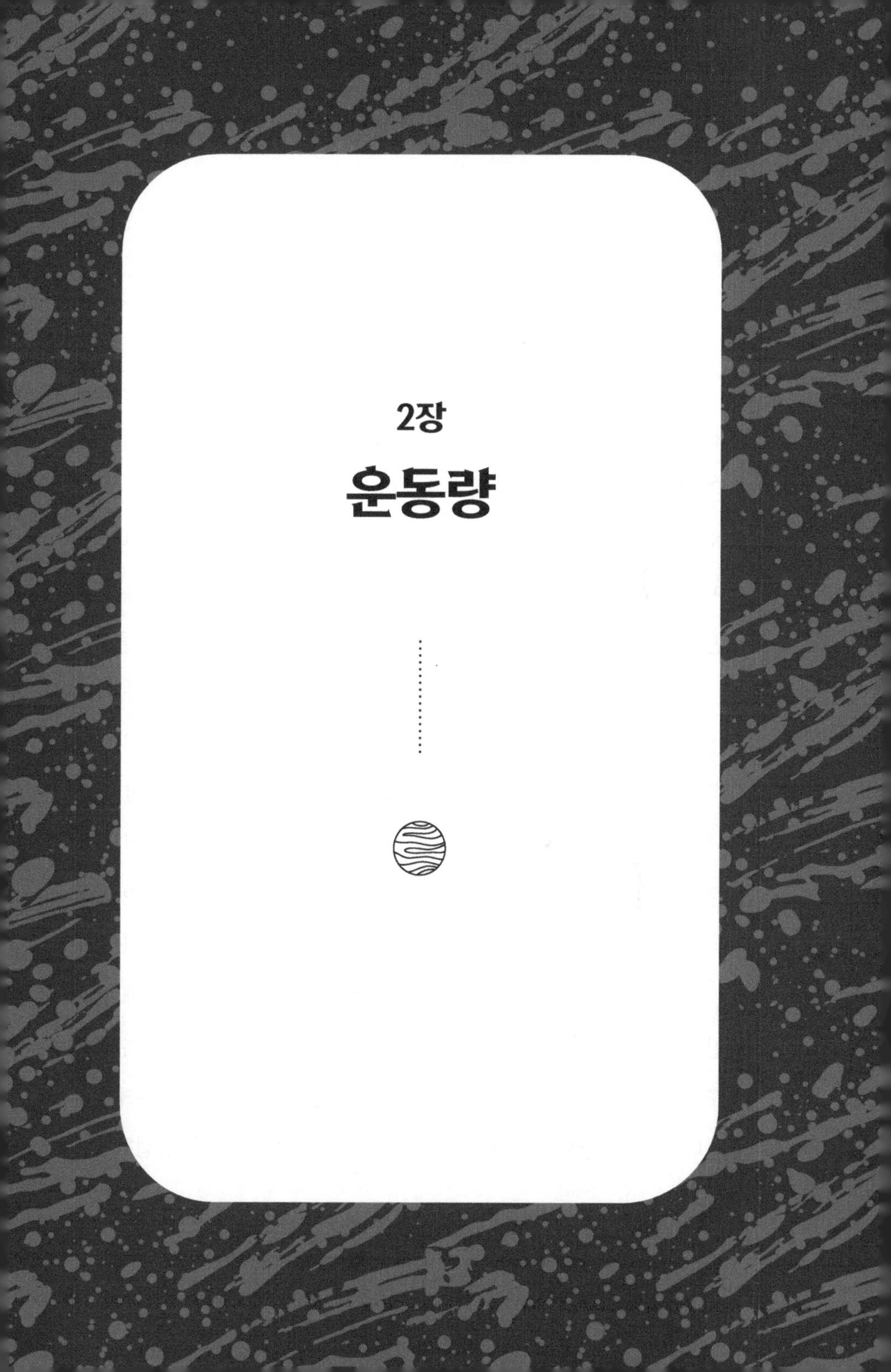

2장

운동량

앞 장에서는 뉴턴이 힘의 방향과 가속도 방향을 동일하게 보았다는 것과 힘이 없으면 가속도도 없다는 사실을 살펴보았다. 그때 논의하지 않은 질문은 힘의 크기가 주어졌을 때 가속도의 크기가 얼마이냐는 것이다. 이 질문에 대한 대답의 실마리는 질량 개념 혹은 좀 더 유식하게 운동량의 개념이다. 우선 질량에 대해 이야기해 보자. 우리는 같은 용수철이 같은 크기만큼 압축되었다가 늘어나면서 어떤 물체들을 밀어낼 때 어떤 물체는 좀 더 빠르게 밀려나가고 어떤 것은 더 느리게 밀려나가는 현상을 잘 알고 있다. 이때 우리는 빠르게 밀려나는 물체를 가볍다고 하고 느리게 밀려나는 물체를 무겁다고 한다. 더 자세히 논의하자면, 위의 용수철 경우와 같이 같은 힘이 어떤 입자들에게 각각 주어졌을 때 그 입자들의 가속도는 일정한 비율을 이루는데, 실험에 의하면 그 비율은 처음에 주어진 힘과는 무관하다(물론 개개의 가속도는 처음에 주어진 힘에 의존하지만). 따라서, 우리는 주어진 힘에 의해 생긴 가속도가 힘이 작용하는 물체의 질량에 반비례한다는 아이디어와 함께 질량의 개념을 도입한다. 즉 질량이 클수록 가속도는 작다. 일상생활에서 우리는 보통 질량을 측정하지 않고 무게를 측정한다. 이것은 단위의 문제이다. 실제로 질량과 무게는 너무 밀접하게

연관되어 있어서 보통 사람들은 질량을 나타내기 위해 무게를 사용할 수도 있고 그 반대일 수도 있다. 그러나 물리학자의 관점에서 보면 무게는 국지적 상황인 지구 중력장의 세기에 의존하기 때문에 질량보다 좀 더 복잡한 개념이다.

이제 물리학에서 매우 유용한 개념인 운동량의 개념에 이르기 위해서 우리는 단지 질량과 속도를 곱하기만 하면 된다. 물체의 질량은 일반적으로 상수이다(그러나 예를 들어 구름 속에서 성장하는 빗방울의 운동을 고려할 때나 가스를 뒤로 발사하는 로켓의 궤도를 고려할 때는 상수가 아니다). 운동량의 변화율은 힘이고, 이 법칙은 실제로 방금 언급한 좀 더 복잡한 경우까지 일반화한다. 이 법칙은 전체 계에 적용할 수 있기 때문에 매우 유용한 법칙이다. 여기서 야기된 질문은 과학 전체에 미치기 때문에 매우 심오한 질문이다. 과학에서 사람들은 항상 모르는 것의 외양을 가장 중요하게 생각한다. 사람들은 결코 사실을 완전히 알지는 못한다. 모든 것을 다 알기 전에는 아무 말도 하지 않고 기다리겠다는 과학자는 모든 사실을 알 때까지 결정을 내리지 않는 사람과 같다. 사람들은 결코 모든 사실을 알지 못하며 과학자의 지식은 항상 매우 한정되어 있고, 그가 가진 것만으로 최선을 다해야 한다. 따라서, 지구 중력장이 달의 궤도에 영향을 주기 때문에 지구 내부의 구성 성분에 대한 자세한 지식 없이 지구 중력장을 계산하려고 하는 것은 불합리하다고 할지도 모른다. 그러나 그렇지 않다. 우리는 지구의 구성 성분에 관해 잘 알지 못하면서 운 좋게도 달의 궤도와 심지어 최초의 인공위성인 스푸트니크의 궤도까지 충분히 이야기할 수 있다.

입자계의 운동

운동량은 수학자들의 말로 부가적인 양이다. 큰 물체의 운동량은 모든 개개 입자들의 운동량의 합이다. 개개 입자들은 그들 상호 간에 작용하는 매우 복잡한 힘을 받는다. 그러나 전체 물체의 운동량은 외부로부터 물체에 작용하는 힘(외력)에만 의존한다. 개개 입자의 운동에 관한 지식 없이도 전체 물체계의 운동에 관해 잘 이야기할 수 있다는 것은 종종 매우 유용하다. 도움이 될만한 일상생활의 한 예를 들어 보자. 매끄럽고 평평한 땅 위에 유모차가 있고 그 안에 있는 아기를 고려해 보자. 처음에 아기는 잠자고 있어서 전체 계, 즉 유모차와 아기는 정지해 있다. 그러고 나서, 아기는 잠에서 깨어 유모차를 발로 걷어차기 시작한다. 이제 무슨 일이 일어날까? 아기가 유모차를 걷어차서 앞으로 굴러가게 할 수 있을까? 〈그림 2〉를 보자.

만일 전체 계인 유모차와 아기를 고려한다면(그리고 유모차와 아기가 분리되지 않게 아기가 안전하게 끈으로 묶여 있다고 가정한다면), 이 계의 운동량은 외력이 작용할 때만 변할 수 있다. 전체 계를 수평 방향으로 움직이려면 수평 방향의 외력이 있어야만 한다. 이러한 일은 땅에 대한 마찰력을 통해서만 가능하다. 우리의 목적상 그림에서 근본적인 어떤 것도 변화되지 않은 채로 (유모차가 천천히 구를 수 있도록) 브레이크가 풀려 있다고 가정하면 땅에 대한 마찰력은 없다. 반면에 바퀴가 쉽게 구르지 않도록 브레이크를 건다면 그때는 마찰력이 있다. 유모차의 브레이크가 풀려 있는 첫

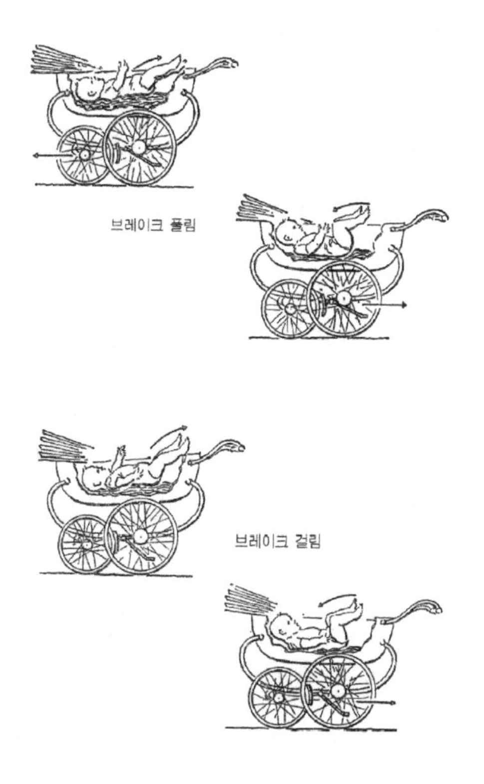

그림 2. 유모차의 브레이크가 풀린 처음 두 그림에서 아기의 다리 운동은 크기가 같고 방향이 반대인 수레의 운동을 야기시킨다. 브레이크가 걸린 끝의 두 그림에서 결과적인 운동은 더 이상 같은 크기도 아니고 반대 방향도 아니다

번째 경우에는 전체 계의 운동량은 항상 0이어야만 한다. 따라서 원래 정지해 있었던 전체 계의 질량 중심은(우리가 부르기를) 정지한 채로 있어야만 한다. 그러나 계의 내부에서 운동은 가능하다. 따라서, 아기가 발을 차면

유모차는 반동에 의해 반대 방향으로 조금 움직인다. 그러나 아기가 발을 오므리자마자 유모차는 정확히 같은 양만큼 움직여 제자리로 갈 것이다. 브레이크가 걸려 있을 때 무슨 일이 일어날까? 물론 브레이크가 완전하고 땅 표면이 매우 거칠다면 어떤 운동도 불가능하고 우리는 이 상황에 관해 생각할 필요도 없다.

그러나 유모차가 운동할 수 있도록 다소 매끄러운 땅 위에 있다고 가정해 보자. 아기가 발을 걷어차면 아기의 몸이 아래로 밀리기 때문에 이 행위는 아기의 무게를 증가시키고 그리하여 유모차의 운동에 좀 더 많은 저항이 생겨 아무런 운동도 일어나지 않는 것이 당연하다. 그러나 아래로 내려갔던 아기가 발을 잡아당기는 반대의 경우, 아기의 무게는 감소하고 따라서 땅의 마찰력은 더 작아져서 유모차는 이제 조금 움직일 수 있다. 유모차의 모든 운동은 이제 같은 방향이다. 아기가 오랫동안 걷어차기를 계속한다면 브레이크가 걸려 있을 때는 유모차의 운동이 커질 수 있다. 반면에 브레이크가 풀려 있을 땐 매번 아기가 찰 때마다 앞뒤로 제법 움직이더라도 주요한 운동이 전혀 있을 수 없다. 결과는 사람들이 기대했던 것과는 다소 반대이다. 그러나 적절한 땅 위에서 그리고 적절한 조건하에서 여기에서 이야기한 결과들은 실험에 의해 실제로 입증된다. 물론 땅이 엄밀하게 수평이 아니거나 유모차를 따라 부는 바람이 있을 때 브레이크를 푸는 것은 매우 위험하다. 그러나 예를 들어 집안의 매끄럽고 수평한 마루 위에서의 상황은 여기에서 나타낸 것과 정확히 같다. 브레이크를 푼 유모차는 매번 아기가 찰 때마다 좀 더 움직여도 앞뒤 운동이 정확히 상쇄되어서 전체적으로 아무런 운동도 없을 것이다.

한편 브레이크를 건 유모차는 각각 한 번씩 찰 때마다 브레이크를 푼 유모차보다 훨씬 더 작게 운동할 것이다. 그러나 이러한 운동들은 더해져서 시간이 지남에 따라 매우 큰 것이 된다. 주목할만한 일은 마찰이 없는 경우에 매끄럽고 수평한 땅 위에 있는 유모차의 운동에 관해 매우 정확히 기술할 수 있다는 것이다. 사람들은 유모차의 운동을 예측하기 위해서 아기가 걷어차는 법을 알아야 하고 또 걷어차기가 정확히 어떻게 계속되는지 등을 알기 위해 아동심리학자에게 상담해야 한다고 생각했을지도 모른다. 그러나 이것은 필요하지 않다. 작용하는 마찰력이 없을 때 우리는 유모차 안에서 일어나는 일을 모르는 채 유모차의 운동에 관해 이야기할 수 있다. 이러한 사실이 운동량 보존 법칙을 너무너무 유용하게 만든다. 운동량 보존 법칙은 우리가 자세히 이해하지 못하는 계의 전체 행위에 관해 말할 수 있게 하는 법칙이다. 여기에 나타난 비교적 중요하지 않은 한 가지 요점은 체계적인 운동의 엄청난 중요성이다. 브레이크가 걸린 유모차의 경우에 아무리 작더라도 부가적인 운동에 의해 차이가 나게 된다. 브레이크가 풀린 유모차는 더 큰 운동이 있어도 결국은 더해져서 0이 된다.

비행기의 운동량

운동량 보존법칙은 여러 분야에 적용되어 우리가 아는 가장 중요한 물리법칙 중 하나가 되었다. 따라서 우리가 프로펠러 비행기를 생각할 때

앞 방향의 운동량은 공기에 뒤 방향의 운동량을 공급해서만 증가할 수 있다. 프로펠러가 하는 것은 공기를 뒤로 미는 것이다. 여기에 일종의 반작용으로 비행기를 앞으로 미는 것이 수반된다. 이러한 의미에서 프로펠러 비행기와 제트 비행기의 차이는 순전히 기술적인 차이다. 어떤 목적에서는 엔진 밖에 공기를 뒤로 흐르게 하는 프로펠러를 사용하는 것이 좀 더 유리한 반면, 다른 어떤 목적에서는 엔진 안에 공기와 배기가스를 강력하게 뒤로 내뿜는 장치를 사용하는 것이 유리하다. 하나에 주어지는 운동량이 나머지에 주어지는 운동량과 크기가 같고 방향이 반대라는 운동량 보존법칙이 틀림없이 사실인 것처럼, 각 경우에 비행기를 앞 방향으로 미는 것은 다른 물질에 의해 주어지는 유사한 후진 운동에 의해 균형을 맞춰야만 한다. 뒤 방향의 운동량은 항상 엔진의 배기가스와 주위 공기에 의해 수반된다. 그러나 이 둘 사이의 상대적 중요성은 이해할만한 것이겠지만 각 경우에 얼마나 많은 공기가 있느냐에 의존한다. 비행기가 높이 날수록 대기는 희박해지므로 주위 공기의 후진 운동과 비교했을 때 배기가스의 후진 운동이 좀 더 중요하다. 만약 가상으로 매체가 전혀 없는 공간으로 갈 수 있다면, 이 경우에 미사일을 앞으로 미는 것은 배기가스만의 후진 운동량에 의한 것이 틀림없다. 따라서 우주선이나 매우 높이 나는 미사일은 전진 운동량과 균형을 맞출 후진 운동량을 만드는 단 한 가지 방법으로 자체의 배기가스만을 사용한다. 이것은 로켓의 원리이다. 물론 이것은 미국에서 독립기념일인 7월 4일이나, 영국에서 가이 폭스의 날인 11월 5일에 볼 수 있는 것처럼 땅 위에서도 적용할 수 있다.

속도의 무관성

대기 중에서는 어떠한 속도의 증가도 그 속도에 따른 고유한 어려움이 있다. 대기 중에는 다른 상태와는 구별되는 정지 상태가 있다. 즉 비행기 주위에는 대기의 정지 상태가 있다. 그래서 비행기가 빠를수록, 주위 대기에 대한 마찰이 커지고, 엔진에서 비행기를 필요한 속력으로 가게 하는 것이 더 어려워진다. 그러나 이 우주 공간을 벗어나면 상황은 완전히 다르다. 우주선의 속력을 시속 1,000마일에서 시속 2,000마일로 증가시킬 때 필요한 연료량은 같은 질량의 우주선의 속력을 시속 100,000마일에서 시속 101,000마일로 증가시키는 데 필요한 연료량과 차이가 없다. 뉴턴 상대성 이론에 의하면, 이러한 역학적 현상에서 속도는 중요하지 않다. 일단 시속 10,000마일의 속도로 비행하기 시작한 우주선은 시속 1,000마일의 우주선과 마찬가지로 일정한 속도로 비행을 할 것이고, 일정한 크기만큼 속도를 올리고자 할 때 필요한 노력은 두 우주선의 경우 똑같을 것이다. 우리가 실제로 정지 상태라고 생각하는 것은 전적으로 우리 주위 환경 때문이다. 즉, 대기와 발아래의 땅이 우리에게 항상 정지해 있다고 생각하게끔 하기 때문이다. 일단 우리가 이러한 국지적인 환경을 벗어나기만 하면 또 우리의 편협한 편견을 벗어버리기만 하면, 이러한 역학적인 일이 계속되는 한 모든 속력은 다른 어떤 속력과 사실은 매한가지이다. 이것은 뉴턴 법칙의 즉각적인 결과이고 이러한 물리학 분야의 결정적인 원리이다.

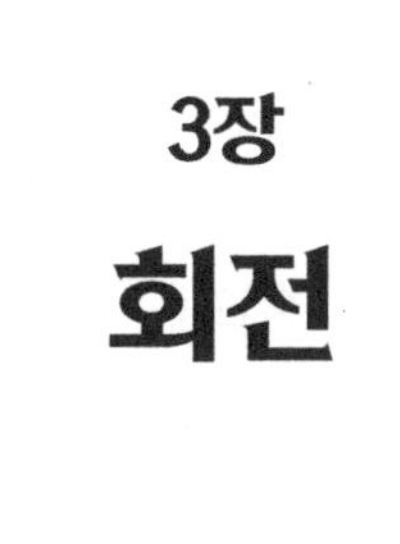

3장

회전

앞의 두 장에서 속도의 무관성을 논의했다. 그러나 속도는 간단한 강체 운동에서 가능한 관점 중 하나일 뿐이다. 병진 운동 외에도 물체는 회전 운동을 할 수 있다. 다른 모든 것들과 구별할 수 있는 병진 속도의 상태가 없는 것처럼 그렇게 구별되는 회전 운동 상태도 역시 없다고 얼른 가정할지도 모른다. 이것은 그렇지가 않다. 우리 모두 물체가 아무런 내부 변형 없이 있을 수 있는, 회전하지 않는 상태가 있다는 것을 안다. 그러나 회전하게 되자마자 물체는 팽창하려 하고, 축에서 가장 멀리 있는 부분이 부서져 흩어지는 것을 막기 위해 변형이 일어난다. 이전에 이야기한 것에서 이것이 어떻게 일어나느냐를 보는 것은 어렵지 않다. 입자가 방향에 있어서나 크기에 있어서 같은 속도를 유지하기만 하면 그때는 힘이 존재하지 않는다. 그러나 회전하는 물체 위에 있는 입자는 물체의 중심을 도는 운동을 하는 중에 속도의 방향이 바뀔 것이다. 따라서, 입자를 잡아당기는 가상적인 원심력에 맞서서 입자를 붙잡아 두려는 힘, 즉 구심력이 있어야 할 것이다. 구심력은 회전이 전혀 없을 때만 사라질 수 있다. 그러므로 병진 운동에서 더 선호되는 정지 상태가 없다는 것을 보여주는 바로 그 법칙은 회전이 관여하는 한 정지 상태가 있다는 것을 의미한다. 속도

를 가지지 않는다는 것은 정지의 표준이 지정되지 않으면 아무런 의미도 없다. 그러나 비회전은 명확한 의미가 있다.

회전 속력을 재기 위해 총 회전 시간을 말할 수도 있고 부분의 시간으로 말할 수도 있다. 예를 들면, 물체가 1도를 회전하는 데 몇 초가 걸리느냐를 논의할 수도 있고, 일반적으로 수학자들이 하듯이 물체가 1라디안이라고 하는 57도(정확히 180도/π)의 각을 회전하는 데 걸린 시간에 관해 말할 수도 있다. 이 시간의 역수를 각속도라 한다. 각속도가 클수록 물체는 빨리 회전한다. 엔지니어들은 r.p.m.(분당 회전수)이라는 용어를 쓰고, 이것은 엔진 속력에 관해 이야기할 때 보통 사용되는 용어이다. 어떤 방법으로 우리가 그것을 세든지 간에 각속도는 회전의 정확한 도량법이다.

지구 회전의 측정

지구 회전은 우리에게 특별히 중요하다. 어떻게 지구의 회전을 잴까? 아마 가장 잘 알려진 방법은 푸코의 진자를 사용하는 것이다. 이것을 살펴보기 위해 북극에 자유롭게 매달려 있고 거기서 흔들리도록 되어 있는 한 일반적인 진자를 생각해 보자. 이때 진자는 중력의 영향 하에서 자유롭게 움직일 것이다. 원래 직선을 따라 흔들리도록 만들었다면 진자는 계속 그렇게 움직일 것이다. 지구는 진자 아래서 회전할 것이다. 따라서, 지구상에 있는 관찰자에게 진자의 운동면은 지구가 회전하는 방향의 반대 방향으로 회전하게 나타날 것이다. 만약 진자가 극이 아닌 다른 어떤 곳에 고정되어 있다면, 얼마간의 회전 성분은 진자를 수직에서 벗어나게 함으로써 그 효과가 없어지기 때문에 상황은 다소 다르게 나타날 것이다. 푸코의 진자를 북극에서 아래로 향하게 하면 진자면은 시계 방향으로 회전하게 나타나고, 반대로 진자가 마찬가지로 남극에 고정되어 있을 때 남극에서 보면 회전은 반시계 방향으로 나타날 것이다. 상황이 이 둘 사이의 어떤 중간 상태라는 것을 아는 데 어떤 위대한 수학적 통찰력도 필요하지 않다. 따라서 적도상에 있는 진자는 지구에 대해 상대적으로 진자면을 전혀 바꾸지 않을 것이다. 북위에서 진자면은 시계 방향으로 회전할 것이다. 그러나 극에서보다 더 천천히 회전하는데, 회전 속력은 극에서부터 저위도로 감에 따라 감소한다. 남반구에서는 그 반대의 현상이 생길 것이다. 따라서 푸코의 진자는 지구 회전을 측정하는 하나의 수단이다.

지구 회전을 재는 또 다른 방법은 항성을 보는 것이다. 지구는 또 항성에 대해 상대적으로 회전하고 있어서 천구가 지구 주위를 자전하는 것처럼 보인다. 주목할만한 사실은 극에서 푸코의 진자에 대한 상대적인 지구의 회전은 항성에 대한 지구의 회전과 누구나 말할 수 있을 만큼 밀접하게 같은 종류의 것이다. 이것은 18세기에 비숍 조지 버클리[1]가 처음으로 물었

1 George Berkeley(1685~1753)는 목사, 철학자, 그리고 왕립학회 회원이며 『인간 지식의 원리에 관한 보고서』의 저자이다. 그의 시간 개념은 뉴턴의 우주관과 상대적으로 모순된다. 뉴턴의 적분에 대해서 그가 제기한 기술적인 반론을 수학자들이 해결하는 데 1세기 이상이 걸렸다. 버클리는 예리한 저술가이고 철학사에 있어서 가장 날카로운 지성을 가진 한 사람이었다.

고 그 이후 19세기 말경 에른스트 마하[2]가 좀 더 정확하게 질문했으며 20세기 초에 아인슈타인이 또다시 물었던 것이다.

회전의 두 비 사이를 연결 짓는 것은 무엇인가? 대체로, 우주에서 멀리 떨어져 있는 물질의 회전 상태에 따라 우리 주위에서 어떤 상태를 비회전이라 부를 것인가가 결정되는 것처럼 보인다. 비회전 상태에 대한 가장 정확한 측정은 대개는 태양계의 행성들의 운동에서 얻어진다. 그리고 먼 물질을 관측해서 알게 된 비회전 상태와 아주 잘 일치하고 있는 것으로 나타난다. 아인슈타인의 일반 상대성 이론이 이러한 매우 신기한 사실을 설명하는 데 효과가 있다고 하더라도 비회전 상태를 고정하는 먼 물체의 질량들이 어떤 것이냐가 전적으로 확실한 것은 아니다.

코리올리 효과

비록 별이나 푸코 진자 혹은 자이로스코프를 봄으로써 지구 회전이 비교적 쉽게 확인되고, 지구 회전의 역학적 결과가 우리의 일상생활에 별로 중요하지 않은 것처럼 보일 수 있더라도 모든 생명체들은 대개 지구 회전에 의해 형체를 이룬다고 말하는 것은 사실이다. 이 영향은 회전이 대기 운동에 영향을 미치는 효과, 즉 바람에 나타난다. 이 효과는 축음기의 회

---

2 Ernst Mach(1838~1916)는 현대 사상에 가장 큰 영향을 끼친 오스트리아 철학자이자 물리학자이다. 아인슈타인은 상대성 이론을 규격화하는 철학적 기초를 뉴턴 역학에 대한 마하의 분석에 두고 있음을 거듭해서 인정했다. 제트기와 미사일에서 친숙한 속도 측정인 마하수는 그의 이론을 따서 지은 것이다.

전반 위에서 아마 가장 쉽게 상상할 수 있다(그림 3).

회전반에 대해 정지해 있었던 한 입자가 회전반의 축을 향해 서서히 다가간다고 가정하자. 그러면 그 입자는 입자가 움직이기 시작한 장소에서 앞 방향의 속도를 가진다. 또 처음의 위치가 나중의 위치보다 축에서 더 멀어질수록 입자는 새로운 이웃들에 대해 회전 방향에서 앞으로 가고 있는 것처럼 보일 것이다.

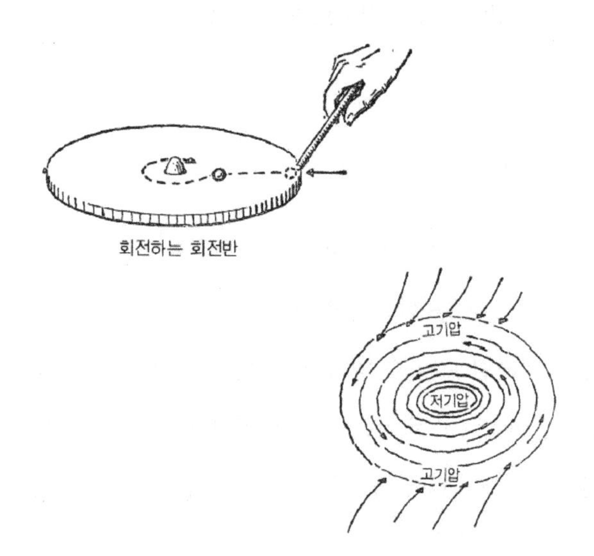

그림 3. 턴테이블 위의 공을 가지고 하는 실험에서와 같이 한 장소에서 다른 곳으로 바람이 불 때 지구 회전에 의해 바람은 편향된다. 따라서 바람은 고기압에서 저기압으로 직진하는 대신에 순환하게 된다

마찬가지로, 회전반 축 주위로 원을 따라 회전을 증가시키는 방향으로 움직이는 입자는 더 빨리 축 주위를 돌고 따라서 원 궤도를 유지하는데 전보다 더 큰 힘이 필요할 것이다. 그런 큰 힘이 적용되지 않는다면 이웃하는 점들보다 바깥으로 밀릴 것이다. 따라서 회전반의 운동 효과는 회전반 위에서 움직이는 어떤 입자도 그 입자가 처음 가려고 했던 방향의 직각 방향으로 편향된다는 것이다. 코리올리[3]의 힘이라 불리는 이 효과는 바람에서 특히 더 중요하다.

바람의 운동

기본적으로 바람의 방향은 고기압과 저기압 사이의 압력을 같게 하려고 고기압 영역에서 저기압 영역으로 분다. 그러나 한 압력 영역에서 다른 압력 영역으로 바람이 불 때 매우 비스듬히 편향되어서 저기압 중심을 향해 나아가는 대신에 저기압 중심을 주위로 돈다. 적어도 이것은 적당한 위도에서 일어나는 것이다. 바람은 사이클론을 형성하는 저기압을 돌아서 불고, 반사이클론을 형성하는 고기압 영역에서는 반대 방향으로 부는 효과가 있다. 이 효과는 저기압 중심을 도는 여러 궤도 때문에 저기압 영역으로 공기를 가져가기 위하여 그렇지 않을 때보다 바람이 더 오래 분다

3 Gaspard Gustave de Coriolis(1792~1843)는 프랑스 엔지니어이며 과학자이다. 힘과 거리의 곱을 의미하는 일(Work)의 사용은 그에게서 비롯되었다.

는 것이다. 따라서 고기압과 저기압 영역과 수명이 매우 길다. 이렇게 긴 시간 동안 바람이 불기 때문에 저기압 영역이 내륙 깊숙이까지 이동할 수 있고 바다에서 먼 지역까지 비가 내릴 수 있다. 온난하고 비교적 고위도인 대륙이 비옥하고 사막이 아닌 것은 근본적으로 이러한 이동 때문이다. 마찬가지로 무역풍이 분다. 비록 조금 다른 방법이지만 무역풍도 지구 회전에서 비롯되는데, 이 무역풍은 수분을 적도 근처의 내륙 영역까지 옮겨준다. 따라서 지표면상의 전체적인 생활양식과 농업은 지구가 회전한다는 사실에 기초를 두고 있다.

바람을 편향시키는 지구 회전의 효과가 기대했던 것과는 매우 다른 상황을 야기시킨다는 것을 언급하는 것은 가치 있는 일일 것이다. 효과가 너무나 강력해서 고기압에서 저기압으로 등압선에 직각으로 바람이 부는 대신에 거의 정확히 등압선을 따라서 분다.

각운동량과 각속도

물체가 병진 운동에서 힘이 작용하지 않는 한 속도를 유지하려는 지속성을 가진 것과 마찬가지로 실제로 회전하는 물체도 회전을 지속하려는 경향을 가진다. 직선 운동을 지속하는 것이 무엇이냐는 운동량으로—정확하게는 선운동량이라 부른다— 측정하고 힘 없이는 선운동량의 변화량이 전혀 있을 수 없다는 것이 규칙이었다. 이 규칙을 하나의 전체 계에 적용했을 때 계의 운동량의 운명에 관해 말할 수 있으면 계에 관해 아주 자세히 알 필요가 없다는 것은 특히 중요했다. 우리가 알아야 할 것은 외력뿐이다. 물체가 회전을 지속하려는 경향은 각운동량으로 측정하고, 회전이 늦어지거나 빨라지게 하는 힘이 전혀 없다면(그러한 힘은 기술적 용어로는 커플 또는 모멘트이다) 물체의 각운동량은 지속될 것이다. 그러나 물체의 선운동량과 선속도의 관계—보통 비례 상수인 물체의 질량이 있었을 뿐이다—처럼 물체의 각운동량은 각속도와 간단하게 관련되지는 않는다. 로켓의 연료처럼 물건을 던져 내는 경우를 제외하고 질량은 불변이다. 그러나 각운동량과 각속도의 관계는 매우 복잡하고 이러한 사실은 쉽게 이해된다. 물체를 구상하는 모든 입자들이 회전축 가까이에 있다면, 입자들은 모두 물체가 1초에 수 회, 축 주위로 회전하고 있을 때조차 저속으로 움직일 것이다. 그러나 많은 입자들이 축에서 멀어지도록 물체의 모양이 변한다면 앞서와 같은 회전 속도의 경우 이 입자들은 더 빨리 움직여야만 할 것이다. 따라서 질량들이 회전축에서 멀리 떨어져 있다면 작은 각속도라도 큰 각운동량을 만들 것이다. 반면에 질량들이 회전축 가까이에 있다면 그 반대이다. 각운동량을 일정하게 유지한 채로 질량을 움직여서 각속도를 변화시킬 수도 있다. 이것은 스케이트를 탈 때 잘 알 수 있다. 숙련된 스케이트 선수가 팔을 밖으로 편 채로 천천히 회전하고 그러고 나서 팔을 안으로 가능한 한 좁게 오므리면 그의 각운동량이 똑같기 때문에 각속도는 매우 많이 증가해서 발끝을 이용해 고속으로 돌 것이다. 이것은 매우 복잡한 주제여서 고양이가 이러한 일들을 적어도 본능적으로 마주 완전히 이해한다는 것은 다소 놀랍다.

고양이의 낙하

우리 모두 여러분이 어떤 방법으로 고양이를 떨어뜨리든지 간에 고양이는 똑바로 착륙할 것을 안다. 언뜻 보기에는 이것은 매우 주목할만한 현상 같다. 만약 고양이가 회전하지 않고, 즉 각운동량 없이 떨어진다면 어떻게 바로 서서 착륙할 수 있게 뒤집을 수 있을까?(그림 4) 비록 고양이의 각운동량이 내내 0이었음이 틀림없다 해도 낙하 도중 어느 순간에 각속도를 가졌음이 분명하다. 고양이는 어떻게 각운동량 없이 각속도를 가질 수 있었을까?

이것은 고양이의 놀라운 유연성으로 설명 가능하다.[4] 우선 고양이가 뒷다리를 내밀고 앞다리와 머리를 움츠리고 등은 구부린다고 가정하자. 총 각운동량은 처음과 같이 물론 0이다. 그러나 뒷다리의 질량이 회전축으로부터 멀어서 뒷다리의 아주 작은 각속도는 회전축에 아주 가까운 앞다리의 큰 각속도를 낼 수 있는 만큼의 각운동량을 준다. 따라서, 고양이의 머리끝이 꼬리와는 반대 방향으로 더 먼 곳에서 돌기 때문에 이들은 균형을 이루어 전체 운동량은 0이 된다. 다음에 고양이는 앞다리는 펴고 뒷다리를 당겨서 등을 구부린다. 이제 뒷다리는 각속도가 크고 앞다리는 각속도가 작다. 왜냐하면 뒷다리는 회전축에 가깝고 앞다리는 회전축에서 멀기 때문이다. 따라서 이렇게 구부린 동안에 앞은 뒤보다 훨씬 덜 회

4 고양이의 실제 운동은 다소 복잡하지만 여기에서는 주어진 원리를 따른다. 좀 더 쉽게 설명하기 위해 필요한 운동의 근본적인 특징만 논의할 것이다.

그림 4

전할 것이다. 다 구부리고 나서 뒷다리를 펴고 앞다리를 당기면 고양이는 움직이기 시작했을 때와 같은 장소에 있으면서 큰 각속도로 회전한 것만 다르다. 이러한 종류의 운동을 연속해서 재빨리 여러 번 하고 나면 고양이는 몸을 적당히 회전시켜서 바로 착륙한다. 말하자면, 선운동량의 경우에는 불가능한 방법으로 각운동량 보존 법칙을 만족하는 일종의 속임수가 있는 것이다.

선운동량과 각운동량에 관한 것들을 모두 요약해 보면, 선속도가 관여하는 한 정지 상태는 없지만 비회전 상태는 있다. 회전도 하지 않고 가속도 하지 않는 계를 '관성계'라 하고, 무한히 많은 관성계가 존재하는데 그중 어떤 두 개도 상대적으로 직선상에서 어떠한 회전도 없이 일정한 속도로 움직인다. 뉴턴 물리학의 심오한 결과 중 하나는 이러한 관성계들의 다양성이다. 이 다양성은 아무런 수정 없이 상대성 이론으로 넘어간다.

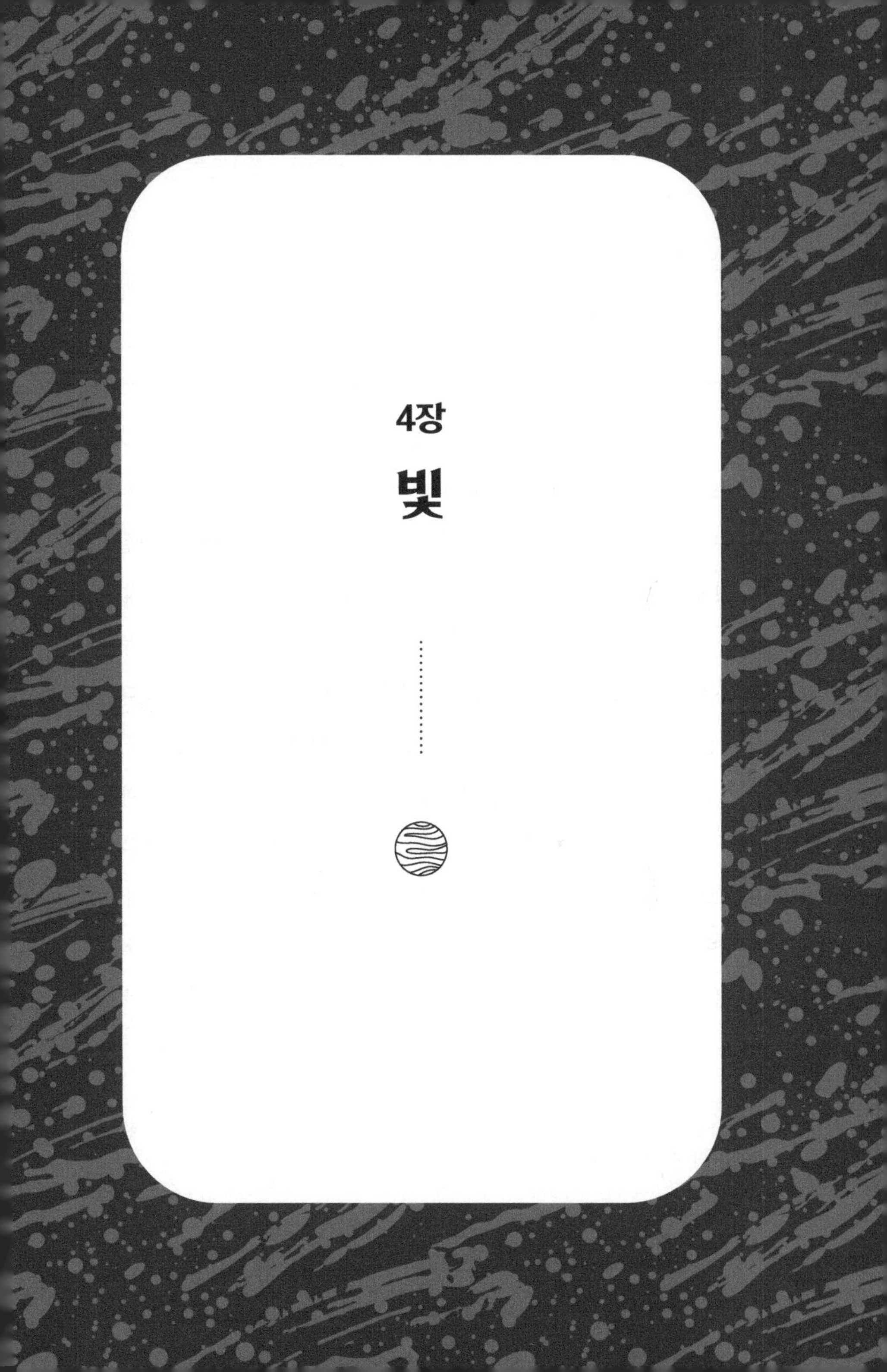

4장
빛

이제 우리는 빛과 연관된 다른 경험의 집합으로부터 출발하는 물리학의 또 다른 분야를 고려하고자 한다. 일상의 경험에서 즉각적으로 나타나는 빛의 두 가지 성질이 있다. 하나는 빛이 직선을 따라 움직인다는 사실이고 나머지 하나는 빛은 정말로 매우 빠른 속력으로 움직인다는 사실이다. 첫 번째 성질인 직진성에 관해서는 우리가 모퉁이 주위를 볼 수 없다는 점에서 우리 모두 잘 알고 있다. 두 번째 성질에 대해서는 빛이 너무나 빨리 움직여서 우리는 일상생활에서 빛이 움직이는 데 시간이 걸린다는 것을 전혀 알지 못한다. 위의 두 가지 성질과 이에 관련된 성질들(반사, 굴절)을 기초로 하여 기하광학이라는 과목이 만들어진다. 기하광학은 매우 유용하긴 하지만 아직 여러 가지 면에서 불완전하고 다른 과학 분야와는 전적으로 분리되어 있다. 빛과 물리학의 다른 분야를 연결 짓는 물리 이론은 비교적 최근 이론이고 근본적으로 맥스웰에 의한 것이다.[5] 빛과 다른 것(이 경우에는 자기)을 매우 명백하게 연결 지어 보여준 실험은 패러데

5 James Clerk Maxwell(1881~1979)은 스코틀랜드 출신이고 물리학의 위대한 인물 중 한 사람이다. 유명한 맥스웰 방정식은 빛의 전자기적 본성을 기술했고 전자파가 존재한다는 것을 예측했다. 맥스웰 방정식은 종종 20세기의 과학적 사고의 진보에서 비롯된 모든 공격에 대해 유일하게 잘 견뎌낸 법칙으로 언급된다.

이[6]에 의해서이다.

패러데이와 빛의 편광

빛은 편광이라는 성질이 주어질 수 있다. 우리가 이 현상을 자세히 고려할 필요는 없지만 편광의 주요한 특성은 빛의 빗질이다. 빛은 어떤 결정 같은 특별한 매체를 통과할 때 전파 방향에 직각인 방향으로 빗질된 것처럼 나타난다. 이 빗질 방향을 편광면이라고 한다. 만약 결정이 회전하면 나오는 빛의 편광면도 역시 돈다. 일반적으로 빛이 일단 편광되기만 하면 편광면은 다소 잘 고정된다. 예를 들면 빛은 처음 결정에 대해 직각인 같은 결정을 통과할 수 없다. 왜냐하면 단순히 직각 방향의 결정을 통과할 수 없는 방향으로 빗질되었기 때문이다. 패러데이는 거울이나 금속 표면의 반사에 의해 빛의 편광면이 변하지 않더라도, 강력한 자석에서 반사되면 편광면이 회전한다는 것을 발견했다(그림 5). 이렇게 해서 패러데이는 자기력과 빛이 연관되어 있다는 것을 보일 수 있었다. 따라서, 그는 빛이 전자기 현상이라는 것을 보여주는 맥스웰의 다음 작업을 가능하게 했다.

---

6 Micheal Faraday(1791~1867)는 전자기 유도를 발견했고 원격작용의 아이디어를 대체하기 위하여 '장'의 개념을 전개한 위대한 영국의 실험 물리학자이다. 맥스웰은 패러데이의 발견들과 개념을 기술하기 위해 그의 수학방정식을 수식화했다. 패러데이의 업적은 그가 고학했다는 점에서 더욱 주목할만하다.

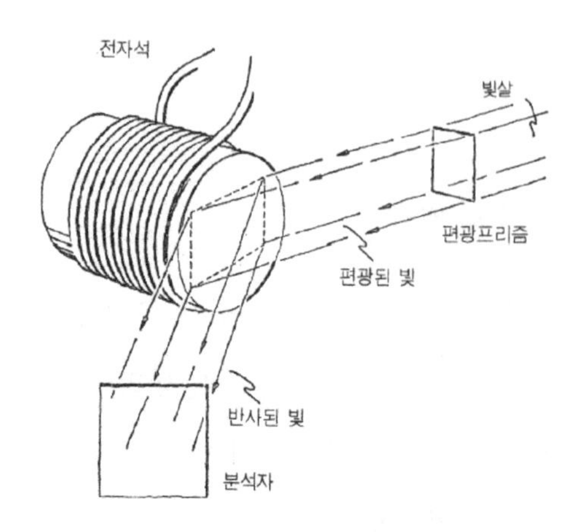

그림 5. 자석이 꺼졌을 때 편광면이 변하지 않는 것을 보여주면서 편광된 빛은 금속에서 반사되어 분석자를 투과한다. 그러나 자석이 켜졌을 때 분석자를 지나가는 빛은 존재하지 않는다. 편광면은 변경되었다

맥스웰과 빛의 전자기 이론

맥스웰이 발견한 것은 전자기장에서의 변화가 실험실에서 전자기 유도에 대한 실험에서도 추론할 수 있는 매우 일정한 속도로 움직인다는 것이다. 이 속도는 빛의 속도와 같다는 것이 증명되었다. 전자기 유도 실험에서 추론된 이 속력과 측정된 빛의 속력이 일치한다는 것은 빛의 전자기 이론을 지지하는 강력한 논거이다. 맥스웰 이론의 가장 놀랄만한 결과는 빛은 단지 이러한 형태의 교란, 즉 모든 파동 현상 중의 특별한 경우라는 것이다. 다시 말해서, 모든 파동은 주기와 파장이 있는데, 맥스웰은 이러

한 교란들은 파장에 관계없이 광속으로 움직인다는 것을 보여 주었다. 이 발견으로 방전 같은 일반적 전기적 교란은 맥스웰이 발견한 전파를 통해 약간 떨어진 곳에 전기장을 만든다는 헤르츠[7]의 발견이 가능해졌다. 이 발견에서 곧 무선전신에 사용되는 매우 긴 파장에서 TV와 레이더에 사용되는 단파까지 매우 방대한 파장영역에 걸친 전자파의 검출과 송신이 이어지게 되었다. 이리하여, 아마 1인치의 10분의 1인 파장에서부터 TV에 사용되는 수 야드나 몇 미터, 무선전신에 사용되는 수천 마일의 파장까지 변하는 전자파를 송수신하는 데 보통의 전기적 실험장치를 사용할 수 있다. 파장에 대응하는 초당 진동 횟수인 진동수가 있다. 진동수는 사이클 혹은 킬로사이클(천 사이클) 혹은 메가사이클(백만 사이클)로 측정된다. 초단파는 전기적 실험장치가 아닌 원자나 분자 여기에 의한 장치가 사용되고, 극초단파는 핵 여기에 의한 실험장치가 사용된다. 우리 눈의 망막은 특정한 파장 영역—1인치의 50/1000을 중심으로 하는 파장 영역에 반응하는 물질 원자들을 포함하게 되어 있다. 가시광선 중 가장 긴 파장은 우리에게 빨간색을 보게 하는 특별한 원자들을 여기시키고, 중간 파장인 노란색과 녹색 및 푸른색을 지나서 가장 짧은 파장인 보라색까지이다. 실제로 색을 보는 과정은 매우 복잡해서 특별한 파장이 특별한 색을 만드는 방법만으로는 나타낼 수 없다. 이 과정은 매우 복잡한 계여서 전 과정이 고려

---

7 Heinrich Hertz(1857~1894)는 전자기파에 대한 헤르츠 실험으로 가장 유명한 독일 물리학자이다. 또한 물리학의 다른 분야에서도 최상의 일을 했고 중요한 저서 『역학 원리』를 썼다.

되어야 한다. 파장이 가시광선보다 길고 라디오파보다 짧은 파를 적외선 혹은 열선이라 하고, 가시광선보다 더 짧은 파는 자외선이라고 한다. 이 자외선의 일부는 피부를 그을게 하고 또 피부를 태운다. 이보다 파장이 더 짧은 파는 X선이라 하고, X선보다 더 짧은 파는 감마선인데 원자핵의 작용에서 생긴다. 다르게 여기되고 다르게 수신되는 이 광대한 영역의 파를 포괄할 수 있고, 또 모든 파는 맥스웰이 발견한 법칙을 따라 움직인다는 사실에서 맥스웰 이론의 강력한 힘을 볼 수 있다. 직진성은 모든 파에 적용된다. 그러나 운동에서 파동적 특성은 파장보다 작은 물체 주위로 파가 제법 흐를 수 있다는 것을 의미한다. 그렇지만 라디오 통신의 경우 이러한 성질에 의한 것이 아니라, 태양에서 오는 특별한 방사선에 의해 대기권의 상층부에 있는 하나의 중요한 층이 라디오파의 거울 역할을 하기 때문이라는 사실에 의한 것이다. 이 층이 소위 전리층이다. 또 파장이 약 15미터 이상인 파들은 전리층에서 반사되어 지구 표면과 성층권의 상부 사이에 갇힌다는 것은 대단히 편리한 사실이다. 이런 이유로 전 세계에 라디오 통신이 가능하다. 한편, TV는 고주파가 필요한데, 근본적인 이유는 저주파수가 너무 부실해서(sluggish) TV 영상을 만드는 데 들어가는 많은 양의 정보를 전달할 수 없기 때문이다. 따라서, TV 수신은 송신기에서 TV 수상기까지 적당히 직선 경로로 이어질 수 있는 지역으로 다소 제한되어서, TV의 유효 시청 범위는 장파인 라디오보다 좁다. 소리의 최상의 재생을 위해 이 극초단파를 이용하는 것이 역시 유리하고 이런 이유로 가능한 최상의 수신을 얻기 위해 주파수가 변조(FM)된 전파를 보낸다. 여기에서 사용된 파는 나무 같은 비교적 중요하지 않은 많은 장애물과 심지어 빌딩까지도 돌아서 흐를 만큼 충분히 길다.

거리 측정에 레이더 사용

단파가 특별히 응용되는 분야는 전쟁은 물론 평화로울 때도 매우 중요하고, 물리학자가 상당히 관심을 가지고 있는 레이더이다. 잘 알다시피, 레이더의 개념은 여러분이 단파를 보냈을 때 표적에서 반사되어 되돌아오는 것을 말한다. 수신된 파는 표적까지의 거리와 방향에 대한 정보를 주는데, 방향은 단순히 반사파를 수신하기 위해 빛을 어디로 발사해야만 하느냐는 것을 말한다. 여기에서 우리가 특별히 관심을 가지고 있는 것은 물체의 거리를 아는 방법이다. 사람들은 펄스의 송신과 수신 사이의 시간 간격을 측정한다. 전자파가 광속으로 전파된다는 것을 알기 때문에 이 시간 간격에 광속을 곱한 양은 파속이 이동한 경로의 총 길이를 준다. 전자파는 표적에서 되돌아왔으므로 총 길이는 표적까지 거리의 두 배이다. 거리를 측정하는 이 방법의 원리는 자를 이용하지 않는 것이다. 표준 미터나 표준 야드를 전혀 사용하지 않았다. 단지 시간 간격을 측정하고 나서 여기에 빛의 속도인 한 가지 양을 곱하기만 하면 된다. 여기서 우리는 거리의 진정한 본질에 대하여 약간 짐작할 수 있다. 우리가 사는 특별한 주위 환경에서 벗어나려 하는 것이 물리학에서는 종종 매우 유용하다. 여기서 환경이라는 것은 어떤 물건은 싸고 또 다른 것은 비싸며, 매우 추운 우주 또는 매우 뜨거운 별에서 멀리 떨어져 평균 온도 부근에서 온도 변화가 적은 것 등을 말한다. 이 순간 매우 간단한 한 가지 가정을 하고 싶다. 레이더 제작자들이 야드자 제작자들보다 더 효율적인 운영을 할 수 있게 되어 레이더가 보편화되었다고 가정해 보자. 그래서 사람들은 거리를 측정할 때 자 대신 펄스의 송수신 시간 간격을 측정하는 레이더를 일반적으로 이용한다고 하자. 그렇게 우리가 시간의 측정을 통해 거리를 측정하는 데 익숙해져 있고 인치테이프나 눈금자 등을 사용하지 않게 되었다면 필자의 생각으로는, 누구에게도 거리 단위에 대한 일반적인 개념이 생기지 않을 것이다.

거리의 단위

사람들은 거리를 표현하기 위해 항상 시간을 쓸 것이다. 물론 이것은 천문학에서 시간으로 나타내지 않으면 나타나는 사용하기 나쁜 큰 숫자를 피하기 위해 먼 거리에서 사용하고 있다. 우리는 별의 거리를 빛이 1년간 간 거리인 광년으로 표시한다. 그러나 거리를 표현하는 이러한 방법이 매우 큰 천문학적인 거리에 국한되어야 할 이유는 하나도 없다. 우리는 광마이크로초, 즉 빛이 1마이크로초—1000만 분의 1초 동안 간 거리를 이야기할 수 있다. 이 거리는 약 300미터, 즉 330야드로 매우 편리한 단위이다. 이때 1광밀리마이크로초는 광마이크로초의 1000분의 1이고 길이로는 약 1피트일 것이고 이 밖에도 여러 가지 예가 있을 수 있다. 야드나 미터는 모른 채 모든 길이를 광초, 광밀리마이크로초 혹은 가능한 여러 단위로 표현되는 어떤 문명사회를 상상한다면, 그리고 이 문명사회의 구성원들에게 광속이 무엇이냐고 질문한다면 질문한 사람을 매우 의아하게 볼 것이다. 그들은 광속을 초당 미터 혹은 초당 마일로 표현해야 할 양으로 간주하지 않고, 이 사회의 실정으로는 단지 하나의 단위, 자연스러운 속도 단위로 간주할 것이다. 속도 1은 빛처럼 빨리 움직이는 물체를 말할 것이다. 일반적인 모든 속도는 이 표준으로 표현될 것이다. 따라서 제트 비행기의 속도는 약 100만 분의 1일 것이다.

즉 제트 비행기는 한 장소에서 다른 곳으로 가는 데 빛이 갈 때보다 시간이 100만 배 걸린다. 마찬가지로, 기차나 빠른 차도 천만 분의 1의 속도(근사적으로 시속 67마일)로 표현될 것이다. 다시 말하면, 이 문명제국은 속도의 자연스러운 표준인 빛의 속도를 받아들여서 시간 표준과 거리 표준이 두 가지를 기록해야 할 필요와 거리를 나타내기 위해 시간에 어색한 숫자인 광속을 곱할 필요를 없앴다. 이 문명제국에는 단지 인생을 좀 더 편리하게 하는 시간 표준만 있을 뿐이고, 그 구성원들은 우리를 아주 복잡하고 불합리한 방법으로 거리와 시간을 다루는 사람들이라고 여길 것이다.

아마도 여기서 또 다른 문명제국을 기술하는 것은 가치 있는 일일 것이다. 이 문명제국과 우리와의 관계는 우리와 방금 전에 상상했던 문명제국의 관계와 같다. 이곳은 남북 방향이 신성한 것으로 간주되고 항상 마일로 측정되는 반면에, 동서 방향은 매우 평범하고 세속적인 것으로 간주되고 항상 야드로 측정되는 문명제국이다. 만약 사람들이 어린 시절부터 사물을 그렇게 보도록 길러졌다면 남북과 동서의 거리 사이에 어떤 연결이 있다고 제안하기 위해서는 대담한 지성이 필요할 것이다. 또 물리학자들은 이러한 것을 없애고 어떤 의미에서 동서의 1760야드는 남북의 1마일과 동일하다는 주목할 만한 결과에 도달하는 데 종사할 것이다. 1760이라는 이 숫자는 우리에게 광속도가 가졌던 것처럼 신성불가침의 의미를 가질 것이다. 물론 우리는 이 문명제국에서 그들의 국가적인 물리 실험은 매우 다른 두 가지 표준-남북 방향의 측정을 위한 표준 마일과 동서 방향의 측정을 위한 표준 야드들을 지킬 것이라는 것을 상상해야만 한다. 이것은 우리에게는 불합리하게 복잡해 보여서 불필요하다. 그러나 확신컨대, 처음 이야기한 문명제국에서는 우리 역시 그렇게 보일 것이다. 물리학자는 더 간단한 결론으로 비약하는 데 주저하지 않는다. 그래서 물리학자는 거리의 한 가지 표준을 사용하는 데 문제점이 실제로 없다는 것에 즉각적으로 동의할 것이다. 우리에게 필요한 것은 단지, 시간 표준이다. 다시 광속이 얼마냐는 질문이 있다. 물론 광속은 정의에 의해 1이다. 광속을 잰다는 것은 그에게는 잘 알려진 공공의 표준 시간으로 파리에 있는 표준 미터로 길이를 재는 복잡하고 번거로운 방법으로 보일 것이다.

빛의 속도

이것을 근거로 시간 표준을 주된 것이고 길이 표준을 약간 부수적이고 덜 중요한 것으로 볼 수 있다. 특히 우리가 인치 테이프와 측정하는 막대가 실제로 무엇으로 만들어졌느냐 생각해 볼 때 이것은 정상적인 과정처럼 여겨진다. 그것들은 원자로 구성되어 있는데, 원자의 구조는 전기력으로 모양을 유지한다는 것을 안다. 이 원자들은 어떤 진동 주기를 가지고 또 강체라고 하는 물질에서는 막대의 구조상 다른 원자들이 일정한 거리를 유지하는 것은 원자들의 특정한 진동 주기의 결과라는 것을 알고 있다. 따라서, 막대의 길이는 구성하는 원자의 진동 주기에 의해 실제로 결정된다고 말할 수 있다. 이 진동 주기는 통상의 방법처럼 광속을 사용하여 길이로 나타내진다. 우리가 잘 논의하듯이, 만약 소위 강체 내에 있는 원자 간 거리가 원자의 진동에 해당하는 거리라는 것을 말한다면 우리는 또한 이 거리 역시 레이더 방법에 의해 효과적으로 결정된다고 말할 수 있을 것이다. 이러한 근거로 거리는 순전히 부수적인 양이고, 시간은 주된 양이며, 광속은 반드시 1이어야만 하는 자연스러운 단위이다. 그러나 만약 우리가 거리를 측정하기 위해 광밀리마이크로초보다 피트를 선택할 만큼 외고집이라면 피트를 효율적으로 정의하는 관례적인 전환인자를 도입해야만 한다. 우리는 이것을 광속이라 부른다.

5장

음파의 전파

우리의 목적을 위해 빛의 가장 흥미 있는 성질인 빛의 전파에 관심을 두자. 빛의 전파를 살펴보기 위해 다른 파동 현상과 비교해 고려하는 것이 가치 있는 일일 것이다. 가장 익숙한 파동 현상은 소리이다. 공기 중에서 압력 변화로 만들어지는 음파는 음속으로 움직이고, 음속은 초속 약 370야드, 즉 시속 750마일이다. 음파의 진동수와 함께 파장은 우리가 듣는 소리의 고저를 결정한다. 우리가 들을 수 있는 극한적으로 낮은 소리는 약 20사이클에 해당하는데, 파장으로 말하면 약 18야드이다(파장과 진동수의 곱은 음속과 같다). 마찬가지로, 개인차가 있고 나이에 따라 변하지만 우리가 감지할 수 있는 가장 높은 소리는 약 20킬로사이클인데, 파장은 약 2분의 1인치이다. 일반적인 목소리의 음역은 1킬로사이클에 중심을 둔 주파수대를 차지하고, 파장으로는 1피트 정도이다. 음속은 광속보다 매우 많이 느려서 음속을 넓은 영역에서 관측하기가 쉽다. 따라서 예를 들면, 만약 먼 거리에서 망치질하는 남자를 관찰할 때 빛과 소리의 도착 시간의 차이를 알 수 있다. 빛은 그 거리를 오는 데 겨우 무시할만한 시간—마이크로초—을 요하는 반면 음파는 수 초 걸린다(그림 6). 따라서, 소리의 전파 성질을 확립하는 것은 비교적 간단한 문제이다.

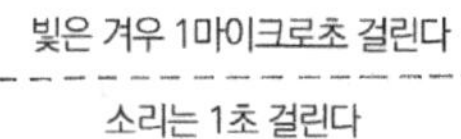

그림 6

도플러 효과

음파의 전파 성질 중 가장 흥미 있는 것 중 하나는 도플러 Christian Johann Doppler(1803~1853)는 오스트리아인이다.

효과인데, 이 효과는 제법 익숙한 효과이다. 만약 기적을 울리는 기차 엔진이 고속으로 지나간다면, 기차가 가장 접근했을 때 기적소리는 갑자기 작아질 것이다. 이것은 명백하게 엔진 운동에 의한 효과이다. 왜냐하면 만약 음원(the Source of the Sound)과 청취자 둘 다 공기 중에 정지해 있으면 청취자는 방출된 것과 정확히 똑같은 크기의 소리를 들을 것이기 때문이다. 이것이 어떻게 일어나는지 살펴보기는 어렵지 않다. 그러나 만약 우리가 매우 빨리 움직이는, 예를 들어 음속의 1/2로 움직이는 음원을 고려한다면 더 간단히 논의할 수 있을 것이다. 이것을 논의하기 위해 음속을 정확히 초속 370야드(시속 757마일)로 잡는다. 음원이 우리를 향해 움직이고 있고 소리의 청취자인 우리는 공기 중에 정지해 있다. 1초 떨어진 두 순간에서 이 음원을 각각 고려해 보자. 두 번째 순간에 음원은 처음 순간보다 우리에게 185야드 더 가까이 있다. 두 번째 순간에서 발생한 소리는 처음 순간에 방출된 소리보다 185야드만큼 덜 움직인다. 소리가 이 185야드를 가는데 꼭 0.5초 걸린다. 따라서 두 번째 소리는 처음 순간에 발사된 소리보다 0.5초 덜 움직일 것이다. 두 소리는 1초 간격으로 발사되었기 때문에 두 번째 순간에 생긴 소리는 처음 순간에 생긴 소리보다 0.5초 나중에 도착할 것이다. 1초 떨어진 순간을 고려하는 대신에 매우 짧은 주기만큼 떨어진 순간들을 고려할 수 있다. 예를 들면, 음원에서 발사된 1000사이클인 음파의 고압점들을 고려할 수 있다. 이때 파의 마루는 1초에 1000번 생기고, 이 마루들은 서로 1밀리초 떨어져 있다. 이 1밀리초 동안에 음원은 0.185야드만큼 움직여서 이 1밀리초 이후의 소리가 우리에게 오는데 0.5밀리초 덜 걸릴 것이다. 그러므로 우리에게 도착한 압력 마루는 진동수가 초당 2,000회에 해당하는 0.5밀리초 떨어진 것으로 나타날 것이다. 이것은 우리가 소리의 크기를 음원에서 방출된 소리보다 한 옥타브 높게 듣는다는 것을 의미한다. 음원이 우리에게서 멀어지고 있을 때, 각 연속적인 음파는 더 먼 거리를 가야 하고 따라서 연속적인 마루의 도착 간격이 음파의 원래 방출 간격보다 더 길어져서 결과적으로 소리의 높이가 더 낮아질 것이라는 것을 알기는 어렵지 않다. 도플러 효과라고 하는 이것은 기차 엔진의 잘 알려진 효과를 설명한다. 그렇게 잘 알려지지 않았고, 우리가 나중에 고려하려는 관점에서 재미있는 것은 음원이 공기 중에서 움직이고 청취자는 공기 중에 정지해 있을 때(방금 논의한 경우처럼)와 청취자가 공기 중에서 움직이고 음원은 공기 중에 정지해 있을 때의 도플러 효과와 다르다는 것이다. 우리가 음원을 향해 음속의 반의 속력으로 움직이는 빠른 수레를 타고 있다고 가정하자. 역시 1초 떨어진 두 순간에 음원에서 발사된 소리를 고려한다고 가정하자. 특별한 어떤 순간에 우리는 처음 순간에 방출된 소리를 들을 것이다.

이때 그 뒤 2/3초 떨어진 상황을 고려해 보자. 우리가 음속의 반(초속 185야드)으로 움직이고 있기 때문에 우리는 음원에 약 123야드 정도 더 가까운 곳에 있다. 따라서 음원에서 발사된 소리는 첫 번째 소리를 들을 때보다 우리에게 도착하는 데 1/3초 덜 걸린다.

처음 발사보다 1초 후 발사된 소리는 처음 소리를 듣고 나서 2/3초 후에 우리에게 도착한다. 1초 후에 소리가 발사되었다 하더라도 거리가 단축되어서 1/3초 덜 걸린다. 따라서, 우리가 음원을 향해 움직이고 있을 때, 1초 간격으로 발사된 소리는 2/3초 간격으로 우리에게 도착한다. 그러므로 소리의 진동수는 음원이 움직일 때는 100% 증가했으나 지금은 50% 증가한다. 소리의 크기는 한 옥타브가 증가하는 대신에 1/5 옥타브 올라간다. 그러므로 청취자에 대한 음원의 상대 속도만 고려하는 것은 충분하지 않다. 공기에 대한 음원의 상대 속도와 공기에 대한 청취자의 상대 속도 둘 다 고려해야만 한다. 속도가 작을 때는 어떤 것이 움직이든지 큰 차이를 나타내지 않는다. 그러나 지금처럼 음속의 반이나 되는 높은 속도를 고려할 때는 어떤 것이 움직이느냐는 매우 중요하다.

충격파

보통의 속력에서는 충분히 놀랄만한 위의 효과들은 음속보다 더 빠른 경우에는 상당히 다른 면을 보이게 된다. 이러한 경우는 초음속 항공기의 출현으로 최근에 매우 익숙해졌다. 아주 잘 알려져 있고 가장 유감스러운 초음속 비행 중 한 가지 효과는 충격파, 즉 소리의 장벽(음속에 가까운 속도를 낼 때의 공기 저항)을 돌파하는 것이다. 보다시피 이것은 실제로 아주 나쁜 이름이지만, 현상 그 자체는 재미있고 교훈적이다. 우선, 〈그림 7〉에서처럼 2마일(10,560피트) 상공에서 음속을 초과한 속력으로 직진하는 비행기를 고려해 보자.

이 비행기는 4초에 1마일을 가는데 우리는 논의의 목적상 소리는 5초에 10마일을 간다고(시속 720마일) 잡는다. 비행기가 멀리 있을 때 우리에게 다가오는 방향의 비행기의 속력은 음속보다 더 크다. 다시 말하면 비행기는 음파보다 더 빨리 다가와, 비행기의 나중 비행으로 인한 소리를 먼저 듣고 더 앞선 비행에서 발생한 소리는 나중에 듣는다. 그러나 비행기가 거의 머리 위에 있을 때 비행기까지의 거리는 그렇게 빨리 감소하지는 않는다. 실제로 비행기까지의 거리는 머리 위에 있을 때 최소가 되고 그 이후에 다시 증가한다. 말하자면 비행기까지의 거리의 주된 요소가 고도가 되었을 때(고도는 변하지 않는다), 비행기의 속력이 비행기까지의 거리를 매우 빠르게 감소시키지 않는다는 것을 의미한다. 비행기는 거의 같은 거리를 유지한다. 만약 거리가 음속보다 더 천천히 감소한다면 일반적인

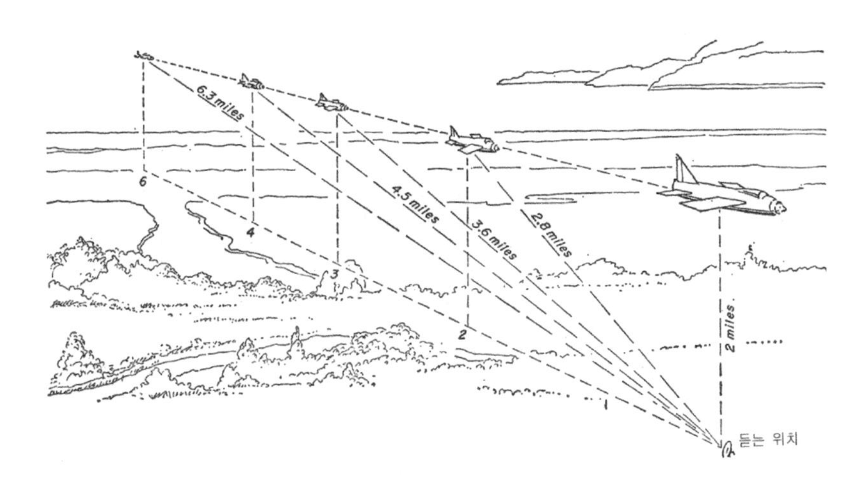

그림 7. 초음속 비행기의 충격파

경우와 같이 비행 도중 더 나중 순간의 소리가 우리에게 나중에 도착할 것이다. 즉 거리가 먼 비행은 역순으로 듣고 나중 비행에서는 순서대로 듣는다. 따라서 갑작스럽게 비행기의 소리를 처음으로 듣는 순간이 있다. 그리고 상당히 긴 비행의 연속에서 생긴 소리가 동시에 도착한다. 왜냐하면, 비행기까지의 거리가 음파가 가는 거리와 똑같은 비율로 감소하기 때문이다. 연속되는 순간들에 발생한 소리는 모두 동시에 도착한다. 소리의 총합이 충격파를 만드는 것은 매우 긴 비행에서 생기는 소리들이 이렇게 동시에 도착하기 때문이다.

표1

소리 발사 시간 (초)	비행기의 지상 좌표 (마일)	비행기와 청취자 사이의 실제 거리 (마일)	소리가 움직인 시간 (초)	소리의 도달 시간 (초)
0	6	6.3	31.5	0+31.5
0+4	5	5.4	27.0	0+31
0+8	4	4.5	22.5	0+30.5
0+12	3	3.6	18.0	0+30
0+16	2	2.8	14.0	0+30
0+20	1	2.25	11.25	0+31.25
0+24	0	2.0	10.0	0+34

좀 더 정확히 표현하기 위해 〈표 1〉의 스톱워치가 0시에서 출발했을 때, 비행기는 수평으로 우리와 정확히 6마일의 거리에 있다고 가정하자. 비행기의 고도 때문에 비행기까지의 거리는 조금 더 멀고, 6.3마일일 때 소리는 거기서 우리에게 도달하는 데 약 31.5초 걸릴 것이다. 8초 후 비행기는 2마일을 비행해서, 비행기까지 수평거리는 겨우 4마일이고, 우리와 비행기 사이의 거리는 약 4.5마일이므로 소리가 도달하는 데 약 22.5초 걸린다. 먼저 고려한 소리보다 8초 후에 출발했으므로 이 소리는 30.5초에 도착해서 8초 먼저 발사된 소리보다 1초 '먼저' 도착한다. 4초 후, 비

행기의 수평거리가 겨우 3마일이고 우리와 비행기 사이의 거리는 3.6마일인데 소리는 18초가 걸린다. 이 소리는 4초 먼저 발사된 소리보다 0.5초 먼저 도착한다. 그이후 4초가 다시 지나면 이제 비행기의 수평거리는 2마일이어서 고도가 45도이다. 비행기와 우리 사이의 거리는 약 2.8마일이고 소리는 약 14초 걸린다. 이 순간에 생긴 소리는 4초 먼저 발사된 소리와 정확히 같은 순간에 도착한다. 실제로 마지막으로 고려한 두 위치 사이에서 비행하는 어느 한 점에서 생긴 가장 빠른 소리가 이것보다 조금 빨리 도착한다. 4초 후 비행기의 수평거리는 1마일이고 비행기까지 거리는 2.25마일이며 소리는 약 11초 걸린다. 따라서 4초 전에 발사된 소리보다 1초 늦게 도착한다. 역시 4초 후, 비행기는 우리 머리 바로 위에 있고 고도를 나타내는 2마일을 오는 데 10초 걸린다. 따라서 4초 이전에 발사된 소리보다 3초 나중에 도착한다.

그러므로 우리가 관측을 시작한 이후 거의 30초까지 아무 소리도 듣지 못한다. 그러고 나서 갑자기 비행의 제법 긴 시간 동안 발생한 소리인 충격파를 듣는다. 이 충격파 이후 비행기에서 발사된 소리는 시간의 순서대로, 또 비행기가 더 멀리 있었을 때 더 먼저 비행기에서 발사된 소리는 시간의 역순으로 동시에 듣는다. 즉, 관측을 시작한 지 4초 후에 비행기의 수평 거리가 5마일이었을 때 비행기에서 발사된 소리는 비행기의 수평거리가 1마일일 때 비행기에서 발사된 소리와 정확히 같은 순간에 우리에게 도착한다.

다른 종류의 현상도 빈번히 생긴다. 이번에는 비행기가 전과 같은 경로, 같은 고도에서 음속보다 조금 낮은 속력으로 비행하고 있다고 가정하자. 비록 비행기가 우리에게 꽤 빨리 접근하고 있다 하더라도 비행 도중의 연속적인 순간에 생긴 소리는 발생 순서대로 도착하고 있다. 그러고 나서 먼저 발생한 소리가 도착하기 전에 비행기의 속력을 음속 이상으로 증가시켰다고 가정하자. 이때에는 비행기의 소리가 발생 순서의 역순으로 도착했다.

순서대로 도착하는 저음속 비행 부분과 역순으로 도착하는 초음속 비행 부분 사이에 한 연속된 비행 전체에서 발생하는 소리가 동시에 들리는 또 다른 충격파의 한순간이 있었음이 분명하다. 이 충격파는 비행기까지의 거리가 음속과 똑같은 속도로 감소하고 있었을 순간에 생겼을 것이다. 수평 비행으로는 비행기가 우리에게 직접 올 수 없었기 때문에 그 순간 음속보다 좀 더 높은 속력으로 가야만 했을 것이다. 따라서 그러한 비행에는 두 가지의 초음속 충격파가 있는데 그 하나는 여기서 논의한 것처럼 맨 처음으로 듣는 것이다. 이 충격파를 듣기 전에 우리는 아무런 소리도 듣지 못한다. 이 충격파 이후로 세 번의 기간 동안 비행에서 생기는 소리를 동시에 듣는다. 속력을 증가시키기 전 저음속 기간 동안 발생한 소리는 발생 순서에 따라 듣는다. 우리에게서 멀리 떨어진 초음속 비행 기간 동안에는 먼저 발생한 소리를 나중에 듣는다. 거의 비행기가 우리의 머리 위에 있는 비행의 나중 순간에 발생한 소리는 또다시 발생 순서에 따라 도착하는데 앞의 두 기간 동안에 발생된 소리와 동시에 도착한다. 우리는 시간이 좀 지난 이후에 두 번째로 논의한 두 번째 충격파를 들을 것이다.

우리는 이 충격파 이후에는 머리 위에 있거나 멀어지는 비행기에서 나는 소리를 들을 수 있을 뿐이다.

송신자와 청취자의 운동의 차이는 '송신자'가 음속을 초과해서 움직일 때만 충격파가 생긴다는 사실로 나타난다. 비행기가 음속을 초과한 속력으로 땅 위에 있는 음원을 향해 날고 있을 때, 비행기를 탄 사람은 어떠한 형태의 초음속 충격파도 듣지 못할 것이다. 왜냐하면 충격파는 하나의 전체 기간 동안에 발생한 소리가 청취자에게 동시에 도착하는 것을 들을 때만 생기는 것이기 때문이다. 송신자가 공기 중에 정지하고 있을 때는 이 효과를 만들기 위해 음파들은 서로서로 추월해야만 한다. 이러한 일은 모든 음파의 음속이 같기 때문에 일어날 수가 없고 따라서 어떤 충격파도 들을 수 없다.

또 다른 종류의 친숙한 파는 수면파이다. 음파처럼 수면파 역시 물이라는 매체를 통해 움직이지만, 수면파의 속력은 파장에 의존하기 때문에 성질은 다소 다루기가 곤란하다. 마루에서 마루까지 즉 한 파장의 길이가 500야드인 파는 시속 약 60마일로 대양을 질주하고 파장이 1피트인 파는 겨우 시속 1.5마일로 움직인다. 그럼에도 불구하고 이 장에서 논의한 음파의 많은 특징이 수면파에서도 나타날 수 있다.

6장
빛의 특이성

맥스웰이 약 100년 전, 빛이 파동이라고 했을 때 사람들은 자연스럽게 다른 종류의 파에서 유추해서 빛의 전파 현상에 대한 직관을 얻으려고 했다. 그러한 다른 종류의 파는 많이 있다. —음파와 수면파, 늘어난 용수철에서 생기는 파, 지진파 등등.

이 모든 파는 반드시 매체를 통해 움직이는데, 매체는 파의 전파와 아주 독립적으로 확인할 수 있는 매체 자체의 속도를 가질 수도 있고, 다른 위치에서 매체는 같은 속도일 필요도 없어서 이 속도는 산란과 굴절을 복잡하게 만든다. 처음에 사람들이 빛의 전파가 이 모든 다른 현상과 궁극적으로 어떻게 다른지 몰랐다는 것이 그렇게 놀라운 일은 아니다. 그들은 에테르라고 하는 빛의 전파에 필요한 가상 매체를 창안했다. 과학에서 흔히 있는 일이지만 존재하지 않는 것을 유추했기 때문에 이것은 도와주기는커녕 혼란에 빠뜨린 완전히 빗나간 아이디어였다.

가상의 에테르

에테르는 한 가지 목적 즉 소리가 공기를 통해 전파되듯 빛의 전파를 위한 매체로서의 목적을 만족시켰다.

그러나 공기는 무게를 가질 수도 있고, 밀어낼 수도 있고, 펌프로 빨아내거나 고압으로 압축할 수도 있는 반면에 가상적 물질인 에테르는 이 모든 것이 불가능하다. 에테르는 제거할 수 없기 때문에 어디에서나 존재해야 한다. 에테르는 밀어낼 수도 없다. 그렇지 않다면 행성이 늦어지는 효과가 있을 것이고 태양계에 마찰력을 도입해야 할 것이다. 실제로 행성의 운동에는 그러한 마찰력은 전혀 나타나지 않는다. 에테르는 큰 물체에 의해서도 움직이지 않는다. 달이 별 바로 앞을 통과할 때, 그 별에서 나온 빛은 달이 그 빛을 가릴 때까지 감지할 수 있는 어떤 변화도 없이 관측된다. 이것은 달 표면 바로 위에서조차 달이 에테르에 아무런 영향을 끼치지 않는다는 것을 의미한다. 즉, 에테르는 장애물의 어떤 성질도 가지지 않는다. 이것이 소리의 전파에서 빛의 전파를 유추하도록 도와주었다. 그러나 뉴턴 역학을 고려했을 때 이것이 잘못된 유추라는 것을 잘 알 수 있다.

우리는 등속도 운동이 역학 작용에 영향을 끼치지 않음을 지적해 왔다. 항공기에서 차 한 잔을 따르는 것과 정지해 있는 집에서 차 한 잔을 따르는 이 두 가지가 완전히 그리고 정확히 같다는 데 관심을 기울였던 것을 기억할 것이다. 이와 같은 것을 뉴턴 상대성 이론이라 불렀다. 모든 관성계의 관찰자들은 그 모두가 자체 환경 내에서 실험했을 때 다른 모든 관성계의 관찰자들과 정확히 똑같은 결과를 얻는다는 의미에서 역학적으로 동등하다. 조금 다르게 말하면, 속도가 관계가 없고 단지 가속도만 중요하다는 것을 알 수 있었다. 예를 들면, 편안한 여객기에서는 이웃 사람들과 땅 위에서 이야기하는 것처럼 여객기에서도 똑같이 편안하게 이야기할 수 있다. 이것은 뉴턴 상대성의 간단한 예이다. 소리는 근본적으로 공기의 운동이 관계되는 역학적 현상이다. 화자(송신자), 전파 매체(공기), 듣는 사람(수신자), 이 세 가지는 이 경우 중요하게 고려해야 하는 것들인데, 이 모두가 비행기의 속력과 같이 움직이므로 땅 위에 있는 사람들과 똑같은 경험이 된다.

에테르 개념의 불합리성

비행기에서는 빛에서 무슨 일이 일어날까? 한 가지 간단한 대답은— 오늘날의 우리에겐 정말로 명백한 대답이지만— 비행기에서도 땅에서처럼 편안하게 이야기할 수 있는 것과 마찬가지로 비록 읽는 것에는 빛의 전파가 관계되더라도 편히 읽을 수 있다는 것이다. 그러나 에테르 개념에 의하면, 현재의 우리에게는 불합리하게 느껴지지만 비행기는 땅에서와 다소 다른 경우가 되어야 했을 것이다. 이미 달에서 나타난 증거처럼 물체의 운동으로 물체를 따라 에테르를 끌고 올 수 없다. 따라서 에테르가 땅 위에 있는 사람들에 대해 상대적으로 정지하고 있다고 가정하면, 비행기를 따라 부는 에테르의 바람이 있어야 할 것이고 이것은 빛의 전파에 영향을 미칠 것이다. 비행기의 속도가 광속에 비해 매우 작다(거의 백만 분의 일)는 것은 사실이나 같은 논의가 매우 높은 속도에도 적용될 것이다. 게다가, 빛의 성질을 측정하는 실험 기계는 매우 민감하다. 따라서 에테르의 개념은 역학적 방법에 의해서 불가능하더라도 '광학적' 방법에 의해서는 정지하고 있는 상태와 등속 운동을 하는 상태를 구별할 수 있다는 불합리한 결론을 도출한다. 이 잘못된 개념은 이전에 물리학의 통일에서 강조한 모든 아이디어와 명백히 상반된다. 즉 광학과 역학 및 물리학의 다른 분야를 분리하는 것은 불가능하다. 역학적 방법으로 다른 관성 관찰자들을 구별할 수 있는 방법이 없다면 그들을 구별할 수 있는 어떤 수단도 방법도 있을 수 없다.

이 명백한 뉴턴 상대성 이론의 확장은 70년 전까지는 받아들여지지 않았다. 에테르 개념이 너무나 강력해져서 사람들은 에테르의 바람을 '측정'하러 돌아다녔다. 오늘날 우리에게는 에테르의 바람을 제안하는 전체적인 에테르 개념은 위험하고 오도된 것이 분명하지만 그 당시에는 이것을 알기가 매우 어려웠다. 에테르 바람을 발견하려 했던 마이켈슨-몰리 실험은 물리학에서 가장 유명한 실험 중의 하나인데, 이 실험의 실패가 유일하게 역학에서 속도가 중요하지 않으면 광학에서도 역시 중요해질 수 없다는 개념인 물리학의 통일을 인식하게 인도해 주었다. 불합리한 에테르 개념에 사로잡혔던 사람들은 에테르가 태양 주위를 약 초속 20마일—대충 광속의 만 분의 일—로 돌고 있는 지구에 대해 상대적으로 정지할 수 있다고 기대하는 것이 불가능하다는 사실을 깨닫게 되었다. 왜냐하면 지구가 에테르를 밀어서 에테르와 함께 돌 수 없기 때문이다. 또, 달이 에테르와 함께 돌 수 없다는 증거도 있다. 게다가 더 멀리 있는 에테르에 대해 지구를 따라 밀리거나 끌리는 에테르의 운동은 그 자체로 별의 육안

운동에 매우 복잡한 굴절 효과를 나타내야 할 것이지만 이것은 실제로 관측되지 않았다. 즉, 에테르의 바람은 광속의 약 만 분의 일의 속도로 분다고 예측되어야 한다. 어떻게 이 에테르 바람을 측정할 수 있을까? 에테르 바람은 그 자체로 다른 방향에서의 광속의 차이로 보일 것이다.

속도 측정

물체의 속도를 측정하는 일반적인 방법은 거리를 측정하고 나서 그 거리의 양단에서 시계를 가진 정지한 관찰자들이 물체가 통과하는 시간을 각각 재는 것이다.

거리를 시계에서 읽은 시간의 차이로 나눈 것이 속도이다. 거리가 주어졌을 때 물체가 빠르면 빠를수록 시계 읽기는 더욱 결정적으로 중요해서, 두 시계의 시간을 일치시키는 데 있어서 아주 조그만 오차조차 속도 결정을 완전히 무효로 할 것이다. 빛처럼 빠른 그 어떤 것에서도 이 시간 일치는 어떤 실제의 거리를 떨어져 있는 관찰자들 사이에서 분명히 매우 심각한 난제이다. 특히 에테르 바람의 효과를 발견하기 위해 충분한 정확도로 광속을 측정하려고 할 때 더 심각하다. 관찰자들이 보통 서로 빛으로 신호해서 그들의 시계를 일치시켜서 시간을 일치시키는 것이 그들이 측정하려고 하는 바로 그 광속에 의존한다는데 그것이 추가되는 난제이다. 이 난제들은 오직 한 장소에서 실험해서, 빛이 관찰자에서부터 거울까지 갔다가 돌아오는 왕복 운동의 길이를 측정할 때만 피할 수 있다. 즉,

위아래 방향의 왕복 운동에 걸린 시간과 그에 직교하는 방향의 왕복 운동에 걸린 시간을 비교할 수 있을 것이다. 예를 하나 들면 논의를 분명히 하는 데 도움이 될 것이다.

너비가 2마일이고 시속 3마일의 속력으로 흐르는 강가에 우리가 있다고 가정하자(그림 8). 우리는 정지한 물에서 시속 5마일까지 낼 수 있는 보트를 가지고 있다. 보트를 타고 한 번은 현재의 위치에서 2마일 상류 기슭의 다른 장소를 방문한 다음 되돌아오고 또 한 번은 강을 가로질러서 우리의 반대편 위치까지 갔다가 되돌아오고 싶다. 이 여행에 각각 시간이 얼마나 걸릴까? 우선, 보트 자체의 속력은 시속 5마일이지만 시속 3마일의 강물을 거슬러 올라가기 때문에 결과적으로 상류로 가는 보트 속력은 시속 2마일이다. 따라서 상류의 그 장소까지 가는 데 1시간이 걸릴 것이다. 돌아오는 길은 강물의 속도는 보트와 같은 방향이므로, 보트의 시속 5마일과 강물의 시속 3마일을 합쳐서 시속 8마일로 여행한다.

그러므로 2마일을 가는 데 1시간의 1/4이 걸리고, 왕복 여행은 1시간 15분 걸릴 것이다. 강을 가로지를 때 뱃머리를 강을 똑바로 가로지르는 방향으로 향해서는 안 된다. 그렇게 하면 강 하류의 아래로 많이 내려간 장소에 도착할 것이기 때문이다. 뱃머리를 약간 상류 쪽으로 향하게 해서 시속 5마일로 그 방향으로 갔을 때 상류 방향의 속력이 시속 3마일이 되어 강물의 속도를 상쇄해야 한다. 〈그림 8〉을 보면, 결과적인 속도가 시속 4마일이 되어서 강을 건너는 데 반 시간이 걸리고 되돌아오는 데 반 시간이 걸려서 강을 건넜다가 되돌아오는 데 정확히 총 1시간이 걸린다. 강을

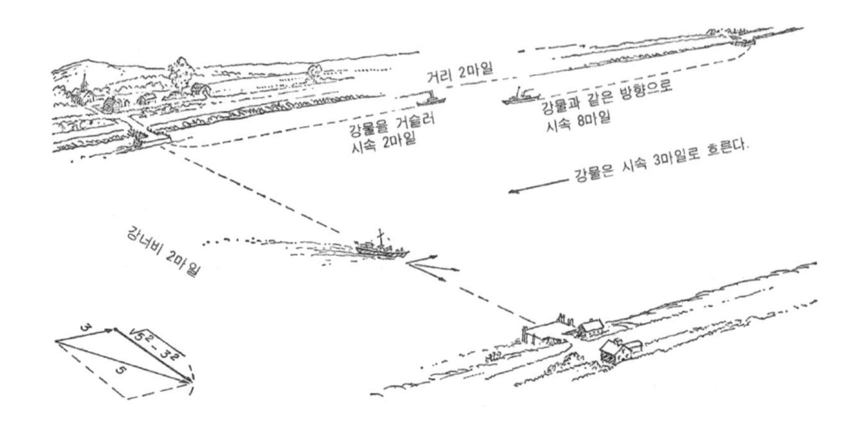

그림 8. 보트의 앞에 있는 벡터라고 불리는 화살표는 그림상으로 강을 건너는 데 관련된 속도의 크기와 방향을 나타낸다. 화살표들은 직각 삼각형으로 합성할 수 있는데, 두 변을 알면 피타고라스 정리에 의해 나머지 한 변을 계산할 수 있다. 강을 가로지르는 강물의 흐름에 수직인 보트의 속력= $\sqrt{5^2-3^2}$ =시속 4마일이다

따라서 2마일을 왕복 여행하는 것과 강을 가로질러서 2마일을 왕복 여행하는 것에는 시간 차이가 있다. 이것이 유명한 마이켈슨-몰리[8] 실험에 사

8 Albert Abraham Michelson(1852~1931)은 1907년에 미국에서 처음으로 노벨상을 받은 과학자이다. 상대성 이론의 발전에 대한 공헌 이외에도 그는 광속을 측정했고 광파의 파장을 이용해서 정확히 측정하는 간섭계를 발명했다. Edward W. Morly(1838~1923)는 에테르의 흐름에 대한 유명한 실험에서 마이켈슨의 동료 실험자이고 화학자였다. "마이켈슨과 빛의 속력" 참조.

용된 방법이다.

마이켈슨-몰리 실험

빛은 두 방향으로 발사되어서 출발점에서부터 같은 거리에 있는 장소에서 반사된 뒤 이동시간, 정확히는 파장의 수가 비교되었다. 지구의 속력을 약 초속 20마일, 대충 광속의 만 분의 일로 잡으면 움직인 시간의 차이는 겨우 2억 분의 1에 불과하지만, 분광학적 방법이 너무나 정확하여 이 차이는 두 방향에서 들어오는 파가 합성되는 소위 간섭계 방법으로 측정할 수 있다. 우선 파를 합성해서 만든 패턴은 실험기구의 한 장소를 나타내는데 이 실험기구는 약간의 각을 회전한다. 만약 이 방향 변화로 빛의 가로 방향과 세로 방향이 뒤바뀌는 것을 통해 빛의 이동 시간이 변화되면, 이것은 두 파의 간섭 패턴의 변화로 나타날 것이다. 그러나 그런 변화는 전혀 관측되지 않았다. 그 당시에 오도된 에테르 개념은 너무나 절대적으로 설득력이 있어서 이 실험결과는 이해하기 어려운 것으로 간주되었다. 오늘날 이 부정적인 결과는 빛이 움직이는 시간이 방향에 대해 독립적이라고 가정하기 때문에, 즉 지구 운동 방향이나 그 반대 방향으로 움직이거나 지구 운동의 직각 방향에 대해 움직이거나 관계없이 독립적이라고 가정하기 때문에 명백하다. 왜냐하면, 역학에서 속도가 전혀 중요하지 않은 것처럼 빛의 전파에서도 속도가 중요하지 않기 때문이다. 마이켈슨-몰리 실험의 부정적인 결과는 근본적이면서, 역학에서 상대성 이론

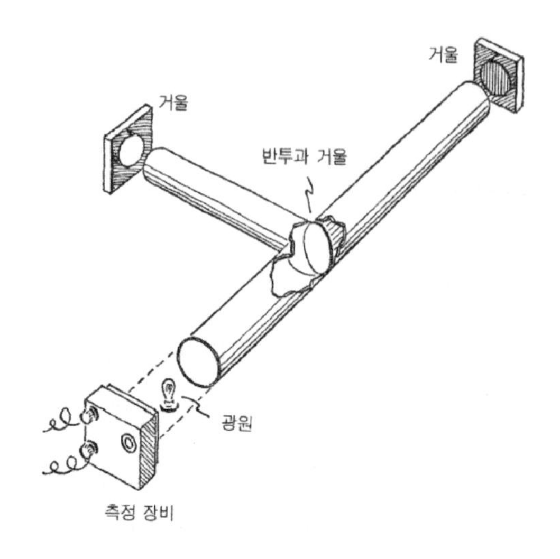

그림 9. 두 다른 방향의 광속은 간섭계에서 비교될 수 있다

처럼 광학 현상에서도 속도가 더 이상 중요하지 않다는 직관을 주는 것으로 증명되었다. 상대성이론은 로렌츠[9]와 쁘앙까레[10]가 먼저 주장한 것을

9 Hendrik Antoon Lorentz(1853~1928)는 새로운 실험 데이터를 얻기 위해 맥스웰 방정식을 공부하는 도중 아인슈타인의 상대성 이론보다 먼저 일종의 상대성 이론을 발전시킨 뛰어난 독일 물리학자였다. 특수상대성 이론에서 아인슈타인이 사용한 기초적인 수학은 로렌츠 변환과 같은 것이지만 아인슈타인은 로렌츠가 먼저 한 일을 듣지는 못했다.

10 Jules Henri Poincaré(1854~1912)는 19세기 말 세계적으로 가장 위대한 수학자 중 한 사람으로 선도하는 프랑스 수학자이다. 많은 학자들이 아인슈타인이 먼저 상대성 이론을 얻지 않았다면 그가 만들었을 거라고 믿는다.

1905년 아인 슈타인이 처음으로 명백히 발표했다.

마지막으로 주목할 것은 70년 전의 근본적인 실험이 오늘날 우리 세대에게 얼마나 난센스로 보이는가 하는 것이다. 분명히 마이켈슨-몰리 실험장치의 한 팔이나 양팔의 길이가 회전할 때 변화했다면 이 길이의 변화는 결과에 상당한 영향을 미쳤을 것이다. 그래서 그 실험의 장본인들은 실험장치를 가능한 한 유지하느라고 매우 고생했다. 그러나 오늘날 우리에게 이것은 매우 독특하게 보인다. 오늘날의 기술로는 레이더 방법이나 동등한 광학 간섭계 방법으로 그 길이를 고정시킬 것이다.

그러나 이것은 빛이 갔다가 돌아오는 시간을 측정해서 길이를 고정시키는 것을 의미한다. 만약 우리가 빛의 왕복 이동 시간이 경로의 방향에 관계없이 일정해야 한다는 요구 조건으로 거울까지의 거리를 정한다면 광속의 왕복 이동 시간이 경로의 방향에 관계없다는 것은 전혀 놀라운 일이 아니다. 즉, 이와 반대로 마이켈슨과 몰리는 광원에서 거울까지의 거리를 고정하기 위해 레이더나 간섭계 방법을 쓰지 않았다는 것을 논할 수 있는 것이다. 그들은 강체성을 이용했고 그 결과 강체 막대를 이용하는 방법이 레이더 방법이나 광학 간섭계를 이용하는 방법과 동등하다는 것을 보여준다고 말할 수 있다. 앞 장에서 강조했듯이, 강체 막대의 길이는 원자의 전기적 상호작용에 의해서 결정되고 실제로 레이더 방법의 중첩에 의해서 길이가 결정되므로 이 이야기는 자명한 이치이다. 그 후로 70년이 지난 오늘날 마이켈슨-몰리 실험의 결과가 필연적인 것이 명백할 뿐만 아니라, 에테르 문제에 대한 해결이 너무나 명쾌해서 실험은 거의 할 필요조차도 없다고 판단할지도 모른다. 그러나 과학에서 이러한 때 늦은 지혜는 소용이 없다. 마이켈슨-몰리 실험을 더욱 유명하게 한 것은 우리의 사고 속으로 깊숙이 들어와서 명백해지게 된 것을 처음으로 증명했다는 것이다. 이제까지 발견이라고 여겨졌던 것이 오래지 않아 틀린 것으로 드러나는 것보다 더 큰 과학적 발견의 장점은 없다. 오직 명백해진 것만이 실제로 중요하다. 왜냐하면 우리의 사고에 깊이 영향을 미치고 우리의 견해를 완전히 바꾸어 버려서 그것이 없이는 생각할 수 없는 그러한 것만이 인간의 정신 속에 실제로 들어가기 때문이다.

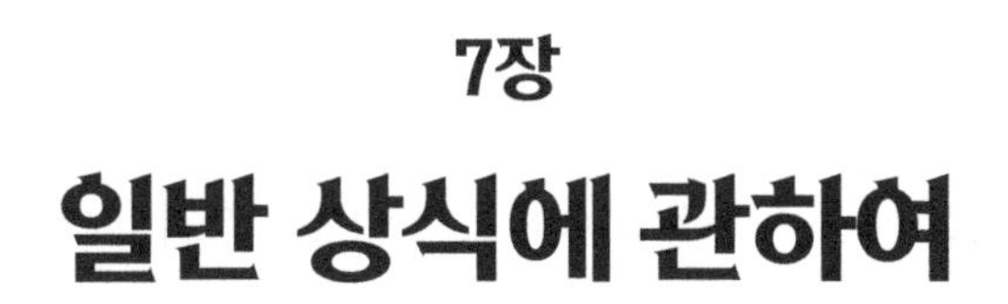

7장
일반 상식에 관하여

이 책에서, 특히 앞 장에서 논하는 것은 뉴턴이 이미 발견했듯이 역학적 관점에서 모든 관찰자가 동등할 뿐만 아니라 빛에 관해서도 동등하다는 사실을 명백히 지적하는 것이다. 이것은 특히 관찰자가 관성 관찰자일 때 관찰자의 운동 상태에 관계없이 모든 방향에 대해서 광속이 같다는 것을 의미한다.

이미 강조했듯이 일단 레이더 방법으로 거리를 측정해야 하는 것에 동의하기만 하면 이 결과는 정말로 명백하다. 이때는 레이더 펄스의 발사에서부터 되돌아온 시간을 측정하는데, 그 반이 표적까지의 거리를 결정하는 데 사용된다. 이 시간은 그 자체로 거리를 기술하는 데 충분하지만, 관습상 광속이라는 순전히 관례적인 수(그러므로 임의의 수)를 곱해서 거리를 마일(혹은 센티미터) 등으로 표현한다. 또한 물리학의 통일 원리는 내부 '역학' 실험으로 구별될 수 없는 계는 '어떠한' 내부 실험으로도 구별될 수 없다는 것을 요구한다. 그래서 우리는 별다른 탈출 수단이 없다면 아인슈타인의 상대성 이론으로 인도되게 된다. 모든 관성 관찰자들은 물리적으로 동등하고 어떤 방법으로든 다른 관성계의 관찰자들 사이를 구별하는 어떠한 내부 실험도 고안될 수 없다. 좀 더 간단히 말하면, 수레가 가속되지 않을 때 창밖을 내다보지 않는 한 수레의 속도를 알 수가 없다는 것이다.

물리학의 이 위대한 원칙이 예측되고 59년이 지난 후, 사람들이 얼마나 달리 생각할 수 있었는지 의아하게 생각지 않을 수 없다. 이렇게 말하는 것은 아인슈타인의 어마어마한 업적을 경시하는 것이 결코 아니다. 반대로, 우리가 어떤 것에 익숙하게 되었을 때 사물이 그전 단계에서 어떠했는지 더 이상 상상할 수 없다는 것을 생각하면 정말로 중요한 일이었다는 증거가 될 뿐이다. 상대성 이론은 우리에게는 거의 명백한 특징에도 불구하고 처음에는 다소 난항을 겪었다. 실험에 의해 논리적으로 강력하게 한 단계를 택해서 통상 개념 중의 하나를 뒤집었을 때 이러한 상황은 물리학에서 종종 발생한다. 이렇게 해서 상대성 이론은 시간의 개념을 바꾸었다. 다음 장에서 보게 되듯이 상대성 이론은 시간의 개념을 상식에 위배되는 것처럼 바꾸었다.

일상의 경험

당분간 일반 상식의 의미와 물리학과 일반 상식 사이의 모순이 예측된 것인가를 논의하기 위해 여담할 만한 가치가 있다. 우리가 일찍이 생활에서 얻은 방대한 양의 경험인 일반 상식은 우리가 사는 세상과 우리 주위의 물체에 관해서 굉장히 많은 것을 우리에게 말해준다. 비록 상식의 일부는 직관적인 것이 가능하다 하더라도 거의 대부분은 경험으로 얻어진다. 초기의 수년 동안에 우리가 얻은 경험은 주위 환경에 가까이 있는 도구와 물질들을 이용해 자연스럽게 얻은 것이다.

100만 도에서의 기체의 운동에서는 아무런 상식도 얻을 수 없다. 왜냐하면 보통의 생활에서는 그러한 종류의 온도를 겪을 수 없기 때문이다. 또 초속 10만 마일로 시골을 질주하고 있을 때의 세계에 관해 우리가 얻을 수 있는 것은, 단지 그러한 일이 실제로 일어나지 않는다는 이유만으로 아무것도 없을 것이다. 반면 상식은 일상생활의 경험처럼 상식에 기초를 둔 특별한 분야는 더할 나위 없이 잘 인도한다. 그래서 일상적으로 만나지 못하는 환경과 물체에 대한 지식을 얻을 수 있도록 경험을 풍부하게 하는 실험장치를 고안하고 이용해서 이 상식을 초월하는 것이 물리학자의 임무이다. 이때 물리학자들은 상식을 만드는 데 들어갔던 경험의 영역보다 더 넓은 영역에서 실험하고 그 결과를 조사하여 상식을 적용할 수 있는지 없는지를 알게 될 것이라고 예측할 수 있을 것이다. 만약 상식을 적용할 수 있다면 그 실험결과는 실험자가 환경의 영역을 확장했더라도 그보다 좁은 환경에서 얻을 수 있는 것 이상을 얻지 못했다는 것을 의미한다. 이러한 환경을 벗어난다면, 우리는 자연스럽게 상식이 더 이상 적용되지 못할 것이라고 예측할 것이다. 사실상 상식은 우리가 이 새로운 환경에 적응하려는 것을 좀 더 어렵게 만드는 반갑지 않은 훼방꾼이다.

그러나 인간은 언제나 새로운 환경에 적응할 수 있다. 인간은 지적이다라는 말은 인간이 적응 가능하다는 말과 같다. 일단 새로운 환경에 마주치면 새 언어를 배우는 것과 마찬가지로 이 환경을 정돈하고 새롭게 이해한다.

역사적으로 19세기 말과 20세기 초에 물리학자들의 탐구방법과 실험장치가 대단히 발전해서 일반 상식의 영역을 초월하는 일이 생겼다. 이때 처음으로 우리의 보통의 경험과 완전히 상반되는 결과가 유도되어 매우 많은 문제가 야기되었다. 오늘날 우리는 이것이 전혀 문제가 되지 않는다는 것을 안다. 우리의 탐구방법의 영역이 더 넓어질수록 더 신기한 세상이 관측되고 우리가 익숙해져 있는 것들과 더 많이 다르다. 루이스 캐롤의 말을 따르자면, 현대의 물리학자들은 날마다 아침 식사 이전에 적어도 두 가지 거짓말 같은 것을 믿는 데 익숙해져 있다. 그것을 조금 다르게 말하면 분명히 놀라운 것은 기체 속의 분자는 당구공과 아주 비슷하게 행동하지만 전자는 당구공과 아주 다르게 움직인다는 것이다. 아인슈타인의 상대성 이론으로 돌아오면, 상대성 이론은 뉴턴의 상대성 개념을 모든 물리학에 확장한다는 점에서 근본적으로 중요하다. 모든 관성계는 완전히 동등하다. 제트 여객기에서 차 한 잔을 따르는 문제가 집에서 차를 따르는 것과 같고 여객기에서 거울을 조사하는 것은 집에서 거울을 조사하는 것과 같다.

시간: 하나의 사적인 것

광학, 역학 및 물리 전체는 실제로 등속도 운동에 의해 변하지 않는다. 다음 장에서 증명될 것이지만, 상식적인 시간의 개념은 모든 관성계에서 광속이 같다는 사실과 결합된 상대성 이론과 일치하지 않는다는 것이 증명되었다. 우리는 예전의 시간 개념에서 탈피하는 데 익숙해져야 한다. 매우 높은 속도, 광속보다 별로 작지 않은 속도를 고려할 때 시간 개념만이 유일하게 심각하게 혼란스럽다는 것이 밝혀졌다. 그러나 이론상으로는 모든 속도에서 어려움이 야기된다.

만약 여러분과 내가 각각 한 개의 시계를 가지고 있고 이 두 시계는 유명 메이커 제품이고 어느 한순간에 두 시계의 시간을 일치시켰다면, 여러분과 내가 서로서로 무엇을 하든 두 시계는 항상 같은 시간을 가리킬 것이라는 것을 알고 있다. 그러나 이것은 물리 전체의 관점에서 보았을 때 매우 좁은 영역에서 얻은 경험적 지식의 단편이다. 왜냐하면 여러분이나 나나 어떤 순간도 엄청난 고속으로 여행하지 않을 때만 시간이 같을 것이기 때문이다. 따라서 우리는 둘 다 속도를 높이지 않았을 때, 우리 둘 다 매우 천천히 여행하는 한 두 시계가 영원히 같은 시간이 될 가능성이 적용되는 것을 심사숙고해야 한다. 우리 둘 다 천천히 여행할 때만 우리의 시계는 같은 시간을 나타내기 때문에 우리가 광속에 가까운 속도로 움직일 때도 같은 시간을 나타내야 한다고 주장하는 것은 분명 난센스이다. 따라서 우리는 시간이 하나의 사적인 물질이라는 아이디어에 익숙해져야 한다. 즉, '내' 시간은 '내' 시계가 내게 가리키는 시간이다. 시간은 시계로 측정된 것이다. 이것은 사물을 보는 확실한 방법이다. 시간 같은 양이나 다른 어떤 물리적인 측정량도 완전히 추상적인 방법으로는 존재하지 않는다. 우리가 어떤 양에 대해 말할 때 그것을 측정하는 방법을 자세히 말하지 않으면 아무런 의미도 없다. 이러한 종류의 사물을 말할 때 난센스를 피하는 한 가지 확실한 방법은 그 양을 측정하는 방법을 정의하는 것이다. 따라서 만약 우리가 매우 빨리 움직일 때 시간이 어떻게 되는가, 실제로 검사해 보지 않은 일상생활에 기초를 둔 상태에서 열린 마음으로 시간의 본질에 대해 논의를 시작한다면, 보편적이고 공적인 시간 개념이 사적인 시간 개념으로 바뀔 수 있게 준비되어 있어야 한다.

시간의 '경로 의존성'

시간이 공적인 것이라기보다는 사적인 것일 가능성에서 시간의 '경로 의존성'에 대한 질문이 생긴다. 일상생활에서 경로에 의존하는 것으로 기술되는 양과 경로에 독립적인 양, 두 개의 매우 다른 종류의 양이 존재한다.

두 양을 구별하는 것은 구릉이 많은 시골 여행을 고려할 때 잘 설명된다(그림 10). 만약 우리가 한 도시를 출발해서 기복이 심한 여러 산마루를 넘어 언덕을 지나 또 다른 도시까지 드라이브하는 도중에 모든 곳에서 높낮이를 항상 기록한다면 우리가 얻은 순수한 높이는 간단히 우리가 도착한 도시의 고도에서 출발한 도시의 고도를 뺀 차이이다. 출발점과 도착점만 같고, 매우 다른 경로를 따랐더라도 우리가 얻은 순수한 높이는 순전히 출발점과 도착점의 높이의 차이이기 때문에 여전히 같을 것이다. 이것은 경로에 의존하지 않는 양의 전형적인 한 예이다. 우리가 얻은 순수한 높이는 선택된 경로에 의존하지 않는다. 만약 우리가 차의 거리 측정계를 사용하여 두 도시 간의 거리를 측정한다면 경로는 매우 중요해질 것이다. 여행한 길에 따라서 두 도시 사이의 마일 수는 한 가지 값을 가질 수도 있고 또 다른 값을 가지기도 한다. 따라서 마일 수는 경로에 의존하는 양이다. 이것은 분명하고 간단한 이야기로 들리지만 중요한 사실은 물리학에서 모든 양은 경로에 의존하거나 독립적인 이 둘 중의 하나로 분류할 수 있다는 것이다.

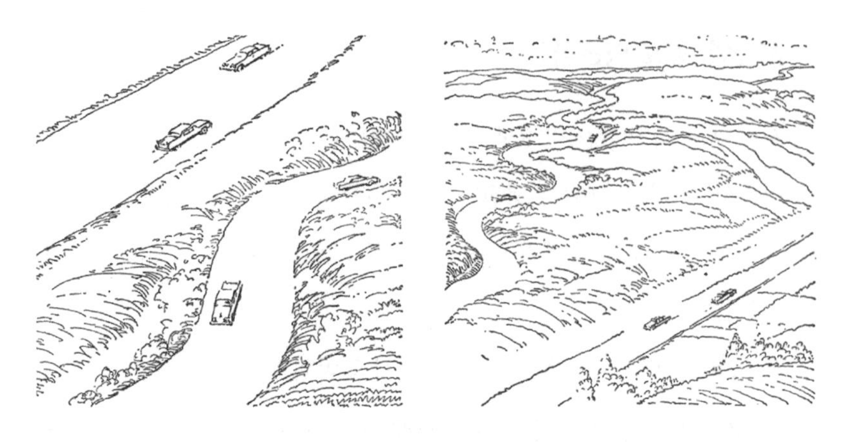

그림 10. 마일 수는 경로에 의존하는 양이다

경로에 독립적인 양으로서 두 도시 사이에 하나의 철로를 사용하는 근거리 왕복 운행 디젤 기차의 운동을 고려해 보자(그림 11). 만약 바퀴가 전혀 미끄러지지 않는다면, 기차의 왕복 운동 수와 관계없이 기차의 바퀴는 기차가 같은 장소에 있을 때마다 정확히 같은 위치에 있을 것이다. 따라서 기차의 출발점에서 하나의 바퀴 꼭대기 근처에 분필 자국을 표시했다면 기차가 그 자리에 되돌아왔을 때 바퀴의 분필 자국은 꼭대기 근처에 있을 것이다.

이러한 바퀴들의 위치는 경로에 독립적인 양이다. 우리는 이것을 기차의 기름 탱크의 연료의 높이처럼 경로에 의존하는 양과 대조할 수 있다. 연료의 높이는 연료가 채워진 이후 왕복 여행을 몇 번 했느냐에 결정적으

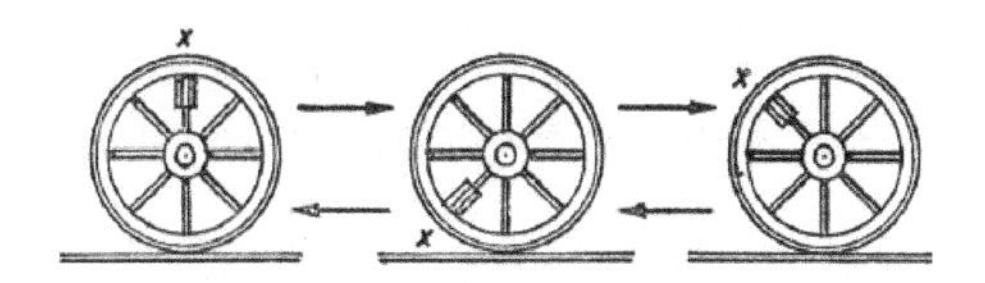

그림 11. 기차가 같은 지점을 지나갈 때 바퀴는 같은 위치에 있다. 따라서 바퀴의 회전은 경로에 독립적이다

로 의존한다는 것이 명백하다. 일상생활에서 경로에 의존하는 양과 경로에 독립적인 양을 섞어서 사용한다면 얼마나 불합리할까는 다음 제안에서 볼 수 있다. 즉 사람들이 어떤 장소를 출발하여 목적지까지 갈 때는 해당하는 편도 요금을 내야 하지만, 다시 출발지점으로 돌아올 때는 요금을 낼 필요가 없어지는 경우가 생긴다. 그때의 규칙이라면 아마도 어디론가 갈 때는 요금을 지불하고 다시 되돌아온다면 그 요금을 되찾는 것일 것이다. 그러한 경로에 독립적인 요금체계는 경로에 상당히 의존하는 현재의

철도 요금체계와 전혀 관계없다. 그러나 물리학자와 수학자에게 모든 세계는 경로에 의존하는 양과 경로에 독립적인 양으로 구별된다.

상대성 이론의 결정적인 발견은 시간의 경로 의존성이다.—시간은 이전에는 공적이고 보편적인 양으로 고려되어서 자연스럽게 경로에 독립적이라고 생각되었다. 그러나 시간이 공적인 것이라기보다는 경로 의존성을 나타내는 사적인 것이라는 견해가 생겨났다. 다음 장에 중요하게 살펴볼 점은 경로에 의존하는 시간의 개념으로부터 우리는 상대성 이론 내에서 벗어날 수 없다는 것이다.

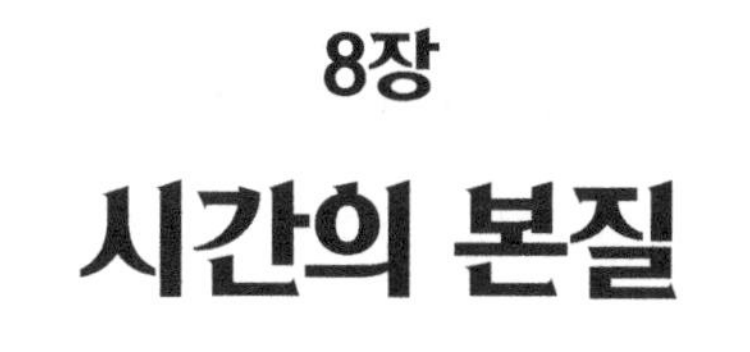

8장 시간의 본질

우리는 지금 상대성 이론의 가장 흥미 있는 결과 중 하나인 시간이 경로에 의존하는 양이라는 것을 설명할 준비가 되어 있다. 이것을 살펴보려면 매우 고속—광속에 필적하는 속력으로 움직이는 물체를 고려해야 한다. 일상생활에서는 그러한 물체를 만날 수 없고 또 그런 상대 속도로 달리는 두 사람도 결코 있을 수 없다. 따라서 이상하고 익숙하지 않은 상황을 고려해야 한다. 그러나 현대의 기술에서는 선택의 여지가 없다. 큰 입자 가속기(원자 충돌 기계)에서 미소한 입자들은 때때로 광속의 99% 이상의 속도로 움직이도록 만들어질 수 있으므로 물리학자들은 그러한 속도가 생기는 상황을 고려해야만 한다. 또한 물리학자는 우주선(Cosmic Rays)에서 광속으로 움직이는 원자 입자들을 관측할 수 있다. 기술상의 이유로, 단지 원자 입자만 그러한 속력으로 가속할 수 있고 그런 입자들이 갖는 특이한 내부적인 성질이 고속일 때 생기는 특이한 성질과 혼합되어 나타난다.

그러나 우리의 상상은 기술적인 한계로 인한 제한을 받지 않는다. 적어도 논의를 위해 고속에서 생기는 특성을 분리할 수 있고 그런 속도로 움직이는 원자 입자들 대신 사람에 대해 생각할 수 있다.

대단히 빠른 속도의 특이성

이것을 논의하려면 관성계의 관찰자가 필요하므로 우리는 관찰자들이 일정한 속력으로 움직일 것을 요구해야 한다. 만약 우리가 매우 짧은 시간 간격에 관해 생각하는 것을 피하고 싶다면 관측자들은 넓은 방에 있어야 하고, 관찰자들을 현재의 로켓 기술이 낼 수 있는 속력보다 더 고속으로 가는 공간 여행자들이라고 상상해도 된다. 그럼에도 불구하고 이러한 상상은 주어진 논의를 명쾌히 하는 데 도움을 준다. 이것은 상대성 이론을 명확히 한 다음 상대성 이론으로부터 실험적인 검증이 가능한 관측 가능한 결론을 추론하는 것이 목적이다.

아인슈타인의 상대성 이론에서 모든 관성계(등속도로 움직이는)가 동등하다고 주장한 것을 기억할 것이다. 이미 뉴턴 역학에서 가속도의 중요성과 속도의 무관성을 강조하고(흔연하게 나는 제트 여객기에서 차를 따르는 것은 집에서 차를 따르는 것과 똑같이 어렵지 않다), 관성계를 정의한다. 뉴턴 역학에서는 역학이 성립하는 한 이러한 관성계들은 동등하다고 주장한다. 그러나 물리학의 통일을 강조한 앞 장들에서 만약 물리학의 다른 분야에서 한 관찰자에서 다른 관찰자로 가는 변환 법칙이 다르게 성립한다면 얼마나 곤란한가를 보여 주었다. 따라서 우리는 모든 관성 관찰자가 '완전히' 동등한 아인슈타인의 상대성 이론으로 인도되고, 이제 간단하고 이상적인 실험을 통해 그 결과를 조사한다.

움직이는 관찰자들을 상대성 이론의 전문용어를 사용해서 시공간 도

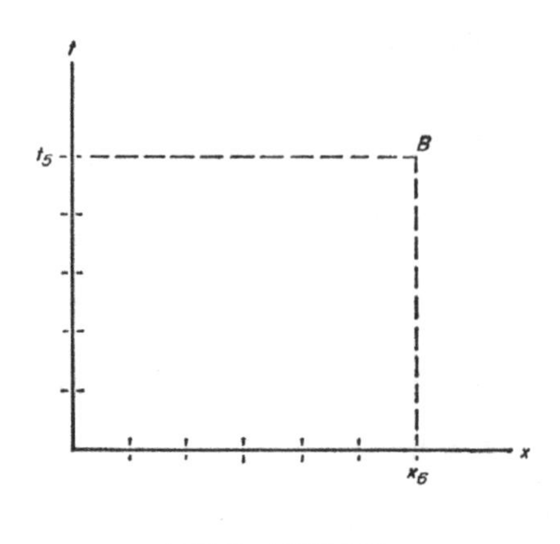

그림 12. 시공간 도표

표에 그리는 것이 유용할 것이다(그림 12). 이 시공간 도표에서 수직축은 몇몇 관성 관찰자들이 측정한 시간을 나타내고 수평축은 거리를 나타낸다. 다행히도, 우리의 거의 모든 논의는 단 1차원 공간만을 필요로 하고(즉 모든 물체는 일직선상을 따라 움직이도록 고려한다), 이 표현으로 충분하다.

관성 관찰자와 운동 관찰자의 관계

관찰자 A는 도표를 그린 사람이기 때문에 자신의 위치를 좌표계의 원점으로 잡는 것은 이해할 만하다. 다시 말하면, 그는 자신의 시간 0에서 관찰하기 시작해서 다른 관찰자의 위치(시간과 거리 둘 다)를 자신의 시간 0

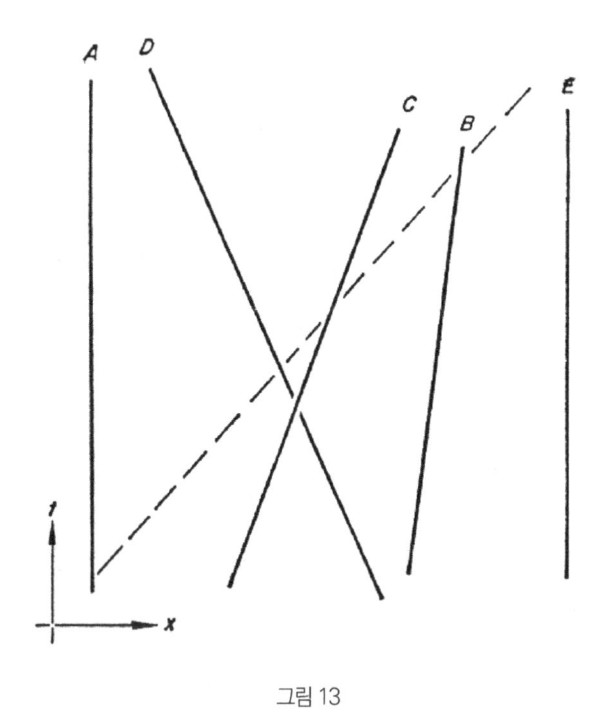

그림 13

에서 자신의 위치로부터 측정할 것이다. 그는 자기가 정지하고 있는 것으로 생각하기 때문에 거리축을 따라서는 아무 곳에도 가지 않아서 X좌표는 항상 0이다.

시간의 변화를 나타내는 t축상의 거리는 우리가 실험하는 도표에서 A의 전진을 보여 준다. t축상의 거리를 측정하는 사람도 A 자신이라는 것을 기억해야 할 것이다.

예를 들어, 시간 0+5에서 A로부터 거리 6단위인 B의 위치를 그리면, A는 t축에서 5단위, x축에서 6단위를 셀 것이고 두 점에서 수선을 그으면 B의 위치는 두 수선의 교점에 고정된다. 따라서 A는 자신과 연관 지어 주어진 시간과 거리에 B의 위치를 정했다.

우리의 정의에 의하면 등속도로 움직이는 B 역시 관성 관찰자이므로 그는 같은 시간 간격 동안 같은 거리를 움직일 것이다. 따라서 시공간 도표에서 B의 모든 위치는 직선상에 놓여 있는 것이 발견될 것이고 다른 모든 관성 관찰자들도 마찬가지로 직선상에 표현될 수 있다.[11] 〈그림 13〉은 A와 다른 4명의 관찰자들의 시공간 도표이다. 관찰자 B, C, D와 E를 나타내는 직선의 경사(수학적 용어로는 기울기)의 차이에 특별히 주목하자. 경사가 더 급한 직선, 즉 t의 변화량이 주어졌을 때가 덜 변해서 주어진 시간에 더 짧은 거리를 가는 것이므로 A에 대해 관찰자의 운동이 더 느린 것이다. 따라서 B는 A로부터 매우 천천히 멀어져 가고 C는 제법 빨리 멀어진다. 반면에 좌표가 상수인 표는 A에 대해 정지하고 있다. B와 C 모두 A로부터 멀어져간다. 왜냐하면 더 나중 시간의 좌표가 더 크기 때문이다. 그림에서는 더 위에 나타난다. 한편 D는 A에 접근한다. 매우 빠른 빛은 기울기가 제법 급하고 점선은 섬광의 운동을 나타낸다고 가정한다.

빛은 하나의 파동 현상이다. 5장에서 다른 파동 현상인 음파를 조사했

11 독자는 시공간 도표가 누가 언제 어디에 있는지 보여 주는 데 매우 도움이 되지만 이 도표는 한 관찰자에 의해 그려진 '그래프 표현'에 불과하다는 것을 깨달아야 한다. 걸린 시간 혹은 다른 관찰자에 의해 측정된 거리는 도표의 거리를 측정해서는 결코 알 수 없다.

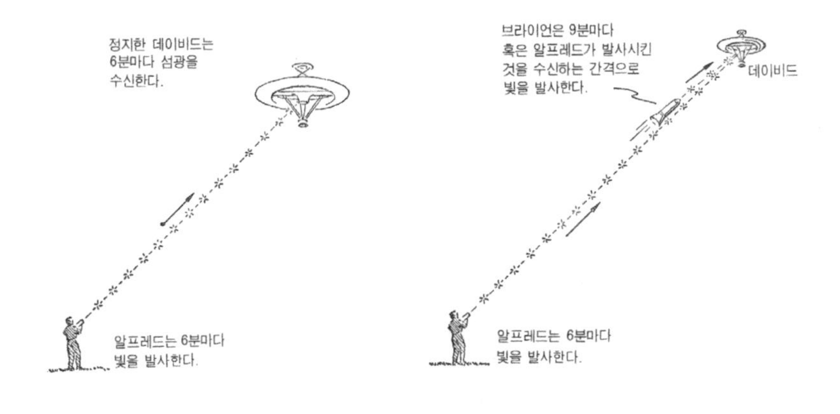

그림 14

고 음원과 청취자의 상대적 운동에 의해서 송신파와 수신파의 고저 사이의 차이인 도플러 효과를 특별하 조사했다. 음파의 경우 공기에 대한 송신자의 속도와 공기에 대한 청취자의 속도 둘 다 아는 것이 필요하다는 걸 기억할 것이다. 빛의 경우 공기와 같은 그러한 매체는 없다. 따라서 우리가 알아야 할 것은 수신자에 대한 송신자의 상대 속도뿐이다. 둘 다 관성계라고 가정했다면 등속도로 움직일 것이다.

일정한 거리로 떨어져 있는 두 관찰자가 있는데, 첫 번째 관찰자인 알프레드는 일정한 간격으로 손전등으로 빛을 발사시킨다고 가정하자(그림 14). 우리는 알프레드의 시계로 6분마다(순전히 정확한 하나의 간격을 유지하기 위하여 이 값 자체에는 전혀 중요성을 부여하지 않는다) 알프레드가 손전등으

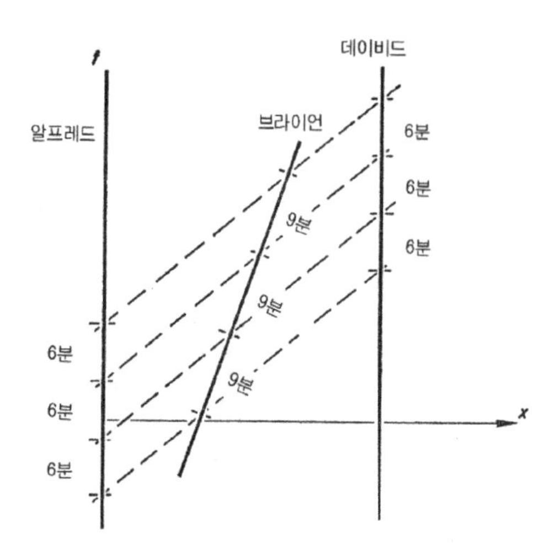

그림 15. 송신 간격에 대한 수신 간격의 비는 알프레드와 데이비드 사이는 1(서로 상대적으로 정지하고 있음); 알프레드와 브라이언 사이는 3/2; 브라이언과 데이비드 사이는 2/3이다

로 빛을 발사시킨다고 가정한다. 그러면, 각 섬광에서 나온 빛은 두 번째 관찰자인 데이비드를 가로질러간다. 두 사람 사이의 거리는 시간이 경과해도 변하지 않기 때문에 각 섬광이 데이비드에게 도달하는 데 똑같은 시간이 걸린다. 만약 알프레드가 자신의 시계로 6분마다 손전등을 켜면 이 섬광은 데이비드에게 같은 간격, 즉 데이비드의 시계로 6분 간격으로 도착할 것이다. 우리는 알프레드와 데이비드가 충분히 멀리 떨어져 있다고 가정한다. 각 섬광이 데이비드에게 도착하는 데 10년이 걸릴 수도 있다(이것은 이상적인 실험이라는 걸 기억하자). 그러나 중요한 것은 섬광의 이동 시간

이 아무리 길더라도 6분 간격으로 도착한다는 것이다. 여기서 색다른 것은 없고 두 관찰자의 역할은 쉽게 바뀔 수 있다.

다음에는 제3의 관찰자인 브라이언을 가정하자. 브라이언은 상대적으로 정지하고 있는 알프레드에서부터 데이비드까지 정지한 데이비드는 6분마다 섬광을 수신한다.

브라이언은 9분마다 혹은 알프레드가 발사한 것을 수신하는 간격으로 빛을 발사한다.

매우 빨리 여행하고 있다(그림 15를 보자. 여러분에게 이 그림을 펴서 다음 논의가 계속되는 동안 계속 보는 것이 좋다고 충고한다). 알프레드에서 데이비드까지 여행하는 동안 브라이언도 이 섬광들을 본다. 알프레드로부터 멀어져 가고 있기 때문에 매번 연속되는 섬광은 바로 전 섬광보다 더 많이 이동해야 그에게 도착한다. 따라서 이동 기간이 길다. 그러므로 브라이언의 시계로는 섬광이 6분마다 도착하지 않고 더 긴 간격으로 도착한다. 그것은 단지 각 섬광이 바로 전 섬광보다 더 먼 거리를 가야 하기 때문이다.

적절한 속력에서는 지금 그 속력을 연구할 필요는 없지만, 브라이언의 시계로 9분마다 빛이 도착한다고 가정할 수 있다. 모든 관찰자가 '자기의' 시계로 섬광의 도착 시간을 비교한다는 것을 늘 강조한다. 왜냐하면 그렇지 않을 경우 다른 사람의 시계를 보는 데 얼마나 많은 시간이 걸릴지 논의해야 하는 어려움이 따르기 때문이다.

이제 브라이언도 역시 전등(빨간색이라고 하자)을 가졌다고 가정하자. 그는 알프레드로부터 섬광을 볼 때마다 빛을 발사한다. 브라이언은 그의 시계로 9분마다 빛을 보기 때문에 그는 9분마다 그의 빨간빛을 발사한다.

이제 빨간 섬광은 알프레드의 하얀 섬광과 같이 움직인다. 왜냐하면 알프레드에게서 발사된 섬광이 브라이언을 통과할 바로 그때 빨간 섬광이 발사되기 때문이다(우리는 브라이언이 손전등을 켜는 데 걸리는 시간은 무시한다). 알프레드의 하얀 섬광을 데이비드는 6분마다 보는데 브라이언의 빨간 섬광 역시 알프레드의 빛과 같이 움직인다. 따라서 그는 빨간 섬광도 6분마다 수신한다. 이것을 조금 달리 말해보자. 알프레드와 브라이언은 어떤 속력으로 멀어지고 있다. 이것을 우리는 알프레드의 송신 간격에 3/2을 곱하면 브라이언의 섬광 수신 간격이 되도록 잡았다(6분이 아니고 9분). 브라이언은 알프레드에게서 멀어지는 것과 같은 속력으로 데이비드를 향해 접근하고 있다. 그러나 이번에는 후퇴 속력이 아니고 접근하는 속력이어서 9분마다 발사된 섬광은 6분마다 수신되어 인자 2/3로 감소한다. 이에 부합하여 브라이언이 6분마다 빛을 발사했다면 데이비드에게는 4분 간격으로 도달했을 것이다. 따라서 후퇴 속도 대신에 접근하는 속도를 고려한다면 송신 간격과 수신 간격 사이의 인자 3/2이 2/3로 바뀐다. 이 결과는 관성 관찰자 중 누가 정지하고 있다고 고려되든지 전혀 무관하다. 실제로 그들 중 누가 정지하고 있느냐는 아무런 의미가 없다. 단지 중요한 것은 그들의 상대 속도이다. 우리가 기억해야 할 것은 만약 후퇴 속도가 송신 간격에 대한 수신 간격에 어떤 비를 준다면 같은 속도로 접근하는 것은 이 비의 역수가 된다는 것이다.

더 일반적인 용어로는, 만약 알프레드가 h의 간격으로 빛을 송신했다

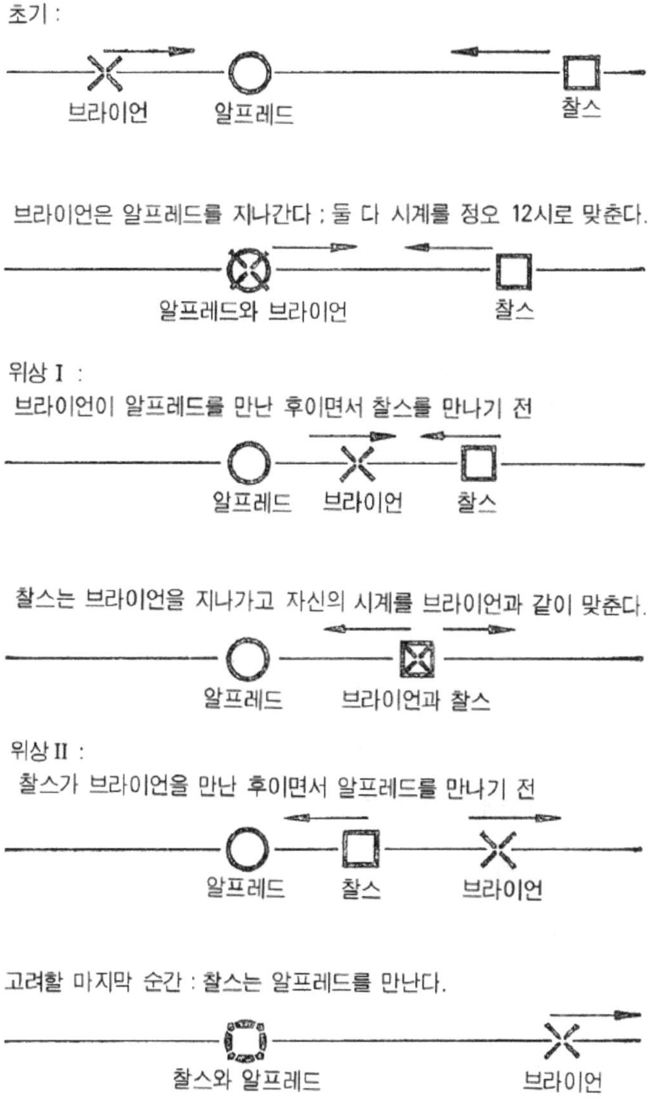

초기 :

브라이언　알프레드　찰스

브라이언은 알프레드를 지나간다 ; 둘 다 시계를 정오 12시로 맞춘다.

알프레드와 브라이언　찰스

위상 I :
브라이언이 알프레드를 만난 후이면서 찰스를 만나기 전

알프레드　브라이언　찰스

찰스는 브라이언을 지나가고 자신의 시계를 브라이언과 같이 맞춘다.

알프레드　브라이언과 찰스

위상 II :
찰스가 브라이언을 만난 후이면서 알프레드를 만나기 전

알프레드　찰스　브라이언

고려할 마지막 순간 : 찰스는 알프레드를 만난다.

찰스와 알프레드　브라이언

그림 16. 사건의 순서

면 각 섬광은 데이비드에게 도착하는 데 같은 시간이 걸려서 데이비드는 이 섬광을 h의 간격으로 보았을 것이다.

브라이언은 자기 시계로 어떤 간격 kh로 섬광을 보았을 것인데 k는 송신 간격에 대한 수신 간격의 비이다. 만약 브라이언이 자신의 시계로 kh의 간격으로 손전등을 켜면 이 섬광들은 알프레드가 발사한 것과 같이 움직여서 데이비드에게는 간격 h로 보일 것이다. 브라이언과 데이비드 사이의 비는 그 역수인 1/k을 준다.

어떤 두 관성 관찰자 사이의 관계는 송신 간격에 대한 수신 간격의 비로 완전히 정해진다. 만약 이 비가 1이라면(알프레드와 데이비드의 경우처럼) 두 관찰자는 상대적으로 정지해 있다. 비가 1보다 크면 그들은 서로 멀어지고 있다. 비가 1보다 작으면 그들은 서로 접근하고 있는 것이다. 모든 관성 관찰자가 동등하다고 주장하는 상대성 이론에 의하면 어떤 한 쌍의 관성 관찰자들이 송신하더라도 그 비가 같다는 것은 매우 명백하다. 빛이 5장의 음파와 매우 다른 것은 바로 이 규칙을 통해서이다. 기억하겠지만 소리의 경우 송신자에 대한 공기의 상대 속도와 수신자에 대한 공기의 상대 속도 또한 고려해야 했다.

좀 더 복잡한 상황

이제 우리가 발견한 것(간격의 비의 중요성—비는 관찰자 쌍에만 의존—멀어지는 것과 접근하는 것은 비가 서로 역수)을 좀 더 복잡한 상황에 적용할 수 있다. 또 다른 관찰자 찰스를 고려하자(데이비드는 더 이상 필요 없다). 찰스의 알프레드에 대한 상대 속도는 브라이언과 같고 방향은 반대이다(그림 16과 표 II를 보자). 따라서 그 역시 관성 관찰자이다. 게다가 우리는 브라이언이 자기 시계로 정오 12시에 알프레드를 통과하고 찰스는 브라이언의 시계로 오후 1시에 브라이언을 통과한다고 가정한다.

조금 후에 찰스가 알프레드를 통과한다. 찰스와 브라이언은 알프레드에 대한 상대 속도가 같고 실제로 매우 대칭적으로 위치했기 때문에 찰스의 시계에 의하면 브라이언을 만나고 1시간이 경과한 후에 알프레드를 만날 것이다. 실험 기간 동안 내내 알프레드, 브라이언 그리고 찰스가 일직선상에 있다. 처음에 브라이언은 알프레드의 왼쪽에 찰스는 알프레드의 오른쪽에 있지만 찰스가 훨씬 멀리 떨어져 있다. 브라이언과 찰스는 알프레드에게 같은 속력으로 접근하고 있다. 따라서, 우선 브라이언은 알프레드를 통과하고 나서 브라이언은 찰스를 만나고 마지막으로 찰스는 알프레드를 통과한다. 결국 찰스는 알프레드의 왼쪽에 브라이언은 알프레드의 오른쪽에 있지만 브라이언이 훨씬 먼 거리에 있다. 브라이언과 찰스 둘 다 이제 알프레드로부터 멀어져 가고 있다.

우리는 3회의 만남에 주의를 기울인다(처음은 알프레드와 브라이언; 두 번째는 브라이언과 찰스; 세 번째는 찰스와 알프레드). 이미 말했듯이 처음의 두 만남은 브라이언의 시계로 1시간 떨어져 있다. 브라이언만이 두 만남에 다 참석한 유일한 관찰자이다. 마찬가지로 마지막 두 만남은 찰스의 시계에 의하면 1시간 간격이다. 찰스만이 이 두 만남에 참석한 유일한 관찰자이

표 II. 사건의 순서

알프레드가 보았을 때	브라이언이 보았을 때	찰스가 보았을 때
시간(알프레드의 시계) 정오 12:00 브라이언이 매우 가깝다. 브라이언에게서 빛을 받았다.	시간(브라이언의 시계) 정오 12:00 알프레드가 매우 가깝다. 알프레드의 시계로 시간을 맞추었다. 빛을 발사했다.	시간(찰스의 시계)
p.m. 12:09 여전히 9분 간격으로 빛이 p.m. 12:18 도착한다. p.m. 1:30 브라이언에게서 마지막으로 섬광이 도착했다. 찰스와 브라이언의 만남이 보인다. 찰스로부터 첫 번째 섬광이 도착했다.	p.m. 12:06 빛을 규칙적인 6분 간격으로 p.m. 12:12 여전히 발사한다. p.m. 1:00 마지막 섬광을 발사시켰다. 찰스가 매우 가깝다.	p.m. 1:00 브라이언이 매우 가깝다. 브라이언의 시계로 시간을 맞추었다. 첫 번째 섬광을 발사시켰다.
p.m. 1:38 찰스로부터 4분 간격으로 여전히 p.m. 1:38 섬광이 도착한다. p.m. 2:10 찰스로부터 마지막 섬광이 도착했다. 찰스가 매우 가깝다.		p.m. 1:06 섬광을 6분 간격으로 규칙적 p.m. 1:12 으로 여전히 발사한다. p.m. 2:00 알프레드가 매우 가깝다. 마지막 섬광을 발사했다.

다(그림 17). 이제 찰스가 브라이언과 만났을 때 찰스의 시계를 브라이언의 시계로 맞추었다고 가정하자. 그러면 이때 시계는 1시이고 찰스가 알프레드를 만났을 때는 2시일 것이다. 알프레드 역시 브라이언과 만났을 때 브라이언의 시계를 맞추었다. 따라서 그때는 12시일 것이다. 이제 질문은 알프레드와 찰스가 만났을 때 알프레드의 시계로 몇 시이겠는가?이다. 증명하겠지만 만약 찰스의 시계가 가리키는 게 2시가 아니라면 우리는 시간의 경로 의존성을 확립한 것이다. 시간은 마일 수와는 조금 다른 형태의 경로에 의존한다.

마일 수는 한 관성 관찰자를 다른 관성 관찰자로 바꾸어도 항상 같지만, 대조 적으로 시간은 오고 가는 것에 의존한다. 즉 한 관성 관찰자를 다른 관성 관찰자로 바꾸는 것에 의존한다.

알프레드의 시간을 정하기 위해 브라이언이 그의 시계로 6분 간격으로 빛을 발사한다고 가정하자. 맨 처음 발사는 알프레드와 만날 때이고 마지막 발사는 찰스와 만났을 때 이루어진다.

브라이언의 시계로 한 시간 간격인 이 두 만남 사이에는 섬광 간격이 정확히 10개 있다. 알프레드와 브라이언이 앞의 예와 같은 속도로 서로 멀어지고 있기 때문에 알프레드는 그의 시계로 9분 간격으로 이 빛을 수신한다. 처음 섬광을 수신했을 때 알프레드의 시계는 정오 12시였다. 왜냐하면 브라이언은 이 때 그와 같이 있었고 송신과 수신 신호는 실제로는 동시에 생겼다. 그 후 알프레드는 마지막 섬광을 90분 후에 받는다. 그의 시계로는 오후 1:30이다. 브라이언과 찰스가 만났을 때 브라이언이 보낸

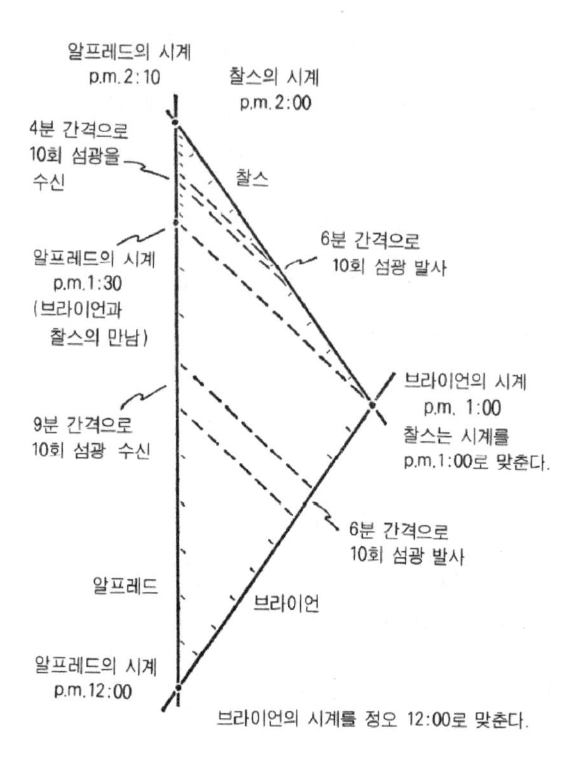

그림 17. 시공간 도표에서 사건의 순서

빛이 그에게 이 순간 도착한다. 이것이 그가 그들이 만나는 것을 '보는' 순간이다.

다음에는 찰스 역시 그의 시계로 6분 간격으로 빛을 발사한다고 가정하자. 맨 처음 빛은 그가 브라이언을 만났을 때 발사하고 마지막 빛은 알프레드를 만났을 때 발사한다. 따라서 그의 시계로 여행에 1시간이 걸렸으므로 10개의 간격이 있다. 앞의 예에 의하면, 브라이언이 데이비드에게 접근했던 것과 똑같은 속력으로 찰스가 알프레드에게 접근하고 있기 때문에 4분 간격으로 수신된다. 따라서 10개의 간격은 알프레드의 시계로 40분에 해당한다. 찰스와 브라이언이 만났을 때 처음 섬광이 발사되었고 이 만남에서 발사된 빛은 알프레드의 시계로 오후 1:30에 도착하기 때문에 알프레드의 시계로 오후 1:30에 처음 섬광이 도착한다. 마지막 빛은 알프레드의 시계로 40분 후에 도착하기 때문에 그때는 오후 2:10이다. 그러나 찰스가 알프레드에게 가까이 갔을 때 마지막 섬광을 발사했기 때문에 찰스의 시계로 오후 2시이다. 두 사람은 그때 매우 가까워서 한 사람에게서 다른 사람에게 빛이 가는 데 실제로는 시간이 전혀 걸리지 않아서 그들이 만나는 시간은 찰스의 시계로 오후 2시이고 알프레드의 시계로는 오후 2:10이다.

정리하면, 우리가 고려한 첫 번째 사건은 알프레드와 브라이언의 만남이다. 그때 그들 둘 다 시계를 정오 12시로 맞추었다. 그 순간 브라이언은 첫 번째 섬광을 발사하고 알프레드는 즉각적으로 수신한다. 브라이언이 알프레드로부터 멀어져가고 있는 동안에 찰스는 알프레드에게 접근하고 있으며 여전히 브라이언 너머에 있다. 이 구간 동안 브라이언의 시계로는 1시간이 경과하고 브라이언은 6분 간격으로 섬광을 발사하고 알프레드는 9분 간격으로 이를 수신한다(비 3:2). 브라이언의 시계가 오후 1시인 이 구간의 끝에서 찰스는 브라이언을 통과하면서 시계를 브라이언과 맞춘다.

찰스는 즉각적으로 6분 간격으로 섬광을 발사하기 시작한다. 이 만남에서 브라이언이 마지막으로 발사한 섬광은 찰스가 처음으로 발사한 것과 같이 움직여서 둘 다 알프레드의 시계로 오후 1:30에 알프레드에게 도착한다(정오 12시 이후 9분 간격이 10회이다). 두 번째 구간 동안 찰스는 알프레드에게 접근하면서 6분 간격으로 빛을 발사한다(찰스 너머에 있는 브라이언은 이제 관심이 없다). 찰스의 섬광은 알프레드에게 4분 간격으로 수신된다(비 2:3). 찰스가 브라이언을 만난 이래로 그의 시계로 1시간 여행했을 때 그는 알프레드를 만난다. 따라서 찰스의 시계로는 이 만남이 오후 2시에 이루어진다. 찰스의 10회 섬광 사이의 간격은 알프레드의 시계로 40분에 해당한다. 알프레드의 시계로 첫 번째 섬광이 오후 1:30에 도착했으므로 찰스가 알프레드를 만났을 때 발사한 마지막 섬광은 오후 2:10에 도착한다. 이것이 알프레드가 찰스를 만났을 때 알프레드의 시간이다(그림 16과 표 II).

상대성 이론은 제안된 모순을 설명

두 시간 중 어느 것이 옳을까? 물론 정답은 둘 다 옳다는 것이다. 결국 두 운전자가 뉴욕에서 보스턴까지 드라이브하는데, 한 사람은 230마일을 기록하고 다른 사람은 250마일을 기록한다면 그들 중의 누가 잘못되었는지 말할 수 없는 것이다. 단지 한 사람이 다른 사람보다 좀 더 지름길로 갔다고 말할 뿐이다. 우리는 거리 측정계를 의심할 필요가 없다. 우리가 익숙해져야 하는 것은 시간도 거리와 마찬가지로 경로에 의존한다는 것이다. 브라이언과 찰스의 만남을 경유한 처음 만남에서 마지막 만남까지의 시간은 알프레드가 처음 만남부터 마지막 만남까지 잰 것보다 짧다. 브라이언이나 찰스의 시계가 그들의 속력에 '영향'을 받았다는 의문이 아니다. 그렇게 보는 것은 한 자동차의 거리 측정계가 다른 거리 측정계보다 좀 더 먼 거리를 나타내는 우회 경로에 '영향'을 받았다고 말하는 것처럼 터무니없다. 거리 측정계나 시계에 뭔가 잘못이 있다는 의문이 아니다. 단지 시간이 마일 수처럼 경로에 의존하는 양이라는 사실이다. 상대성 이론의 개념으로 우리가 추론한 것은 시간이 경로에 독립적인 양이어서 공적인 시간이 존재한다는 아이디어를 더 이상 유지할 수 없다는 것이다. 존재하는 것은 사적인 시간이고 그것은 한 사건에서 다른 사건으로 가는 경로에 의존한다. 즉 알프레드와 가는지, 브라이언과 찰스와 가는지에 의존한다.

때때로 사람들은 이 결과에 혼동되어서 다음과 같이 불평한다. "그렇지만 우리는 알프레드가 서 있고 브라이언이 움직이는 것처럼 바로 그대로 브라이언이 서 있고 알프레드가 움직이는 것으로 간주할 수 있다." 물론 이것은 전적으로 옳다. 단지 우리는 브라이언과 찰스 둘 다 움직이지 않는다고 간주할 수는 없다. 알프레드 혼자 정지해 있고 브라이언과 찰스 둘 다 움직인다. 이 상황을 세 명 중의 한 명이 정지한 것보다 더 간단하게 볼 수 있는 방법은 없다. 한 측정은 알프레드 자신에 의한 것이고, 나머지 한 측정은 브라이언과 찰스의 측정 조합에 의한 것이다.

k값: 하나의 근본적인 비율

2시간에 10분이 차이 나는 것을 보면 속도에 매우 의존한다는 것을 분명히 알 수 있다. 일반적인 용어로 문제를 연구하자. 브라이언과 알프레드 사이의 송신 간격과 수신 간격의 비를 k라 가정하자. 이미 증명한 것에 의하면 찰스와 알프레드 사이의 비는 1/k이다.

이제 알프레드와 브라이언은 그들이 만났을 때 둘 다 시계를 0에 맞춘다고 가정하고, 찰스가 브라이언을 통과하면서 발사한 순간 브라이언의 시계가 0+T를 가리킨다고 하자. 찰스 역시 그 순간에 시계를 0+T에 맞춘다. 브라이언이 알프레드에게서 멀어지는 것과 같은 속력으로 찰스는 알프레드에게 접근한다. 따라서 찰스가 브라이언을 통과해서 알프레드와 만나는 간격은 브라이언이 알프레드를 만나고 나서 찰스를 만난 간격과 똑같이 T를 기록한다. 따라서 찰스가 알프레드를 만났을 때 찰스의 시계는 0+T+T 또는 2T이다(표 III 참조).

이제 브라이언은 알프레드를 통과할 때 섬광을 발사했고 브라이언의 시계로 간격 T인 순간 찰스를 지나갈 때도 역시 섬광을 발사했다고 가정하자. 알프레드는 이 두 섬광을 시간 간격 kT로 수신할 것이다. 브라이언이 알프레드와 같이 있을 때 처음 섬광을 발사했기 때문에 알프레드의 시간 0에 즉각적으로 알프레드에게 도착할 것이다. 또 두 번째 섬광은 알프레드의 시간 kT에 도착할 것이다. 마찬가지로 찰스는 이 두 만남에서 섬광을 발사한다. 찰스의 시계로 시간 간격이 T이지만 찰스는 알프레드에게 접근하고 있으므로 알프레드는 T/k의 간격으로 수신할 것이다. 브라이언과 찰스가 만난 순간 브라이언의 두 번째 발사와 같은 시간, 같은 장소에서 찰스가 처음 발사했으므로 이 두 섬광은 같이 움직여서 알프레드의 시계가 kT일 때 알프레드에게 도착한다.

따라서 찰스의 두 번째 섬광은 알프레드의 시계로 시간 (k+1/k)T에 알프레드에게 도착한다. 이것은 찰스가 알프레드 가까이 있었을 때 찰스가 발사했던 것이므로 즉각적으로 도착해서 찰스의 시계로 2T인 순간 찰스가 알프레드를 통과할 때 알프레드의 시계는 (k+1/k)T이다.

표 III. 사건의 순서

알프레드가 보았을 때	브라이언이 보았을 때	찰스가 보았을 때
알프레드의 시간 0: 브라이언이 매우 가깝다. 브라이언에게서 빛을 받았다.	브라이언의 시간 0: 알프레드가 매우 가깝다. 알프레드의 시계로 시간을 맞추었다. 빛을 발사했다.	찰스의 시간
kT: 브라이언과 찰스가 만나는 것이 보인다. 둘에게서 빛을 받았다.	T: 찰스와 매우 가깝다. 빛을 발사했다.	T: 브라이언이 매우 가깝다. 브라이언의 시간으로 맞추었다. 빛을 발사했다.
(k+1/k)T: 찰스가 매우 가깝다. 찰스가 발사한 빛을 받았다.		2T: 알프레드가 매우 가깝다. 빛을 발사했다.

따라서 알프레드의 브라이언과의 만남과 찰스와의 만남 사이의 시간을 알프레드가 측정한 것에 대한 브라이언과 찰스가 측정한 비는 $\frac{\left(k+\frac{1}{k}\right)T}{2T}=\frac{1}{2}\left(k+\frac{1}{k}\right)$이다. 이 비는 〈표 Ⅳ〉에서 보듯이 k값에 매우 민감하게 의존한다. 〈표 Ⅳ〉는 T=1일 때 알프레드의 시간과 찰스의 시간의 차이를 보여 준다.

표 Ⅳ

k	$\frac{1}{2}\left(k+\frac{1}{k}\right)$	시간 차이 T=1시간
1	1	0
1.0001	1.000000005	1/30밀리초
1.01	1.0005	1/3초
1.25	1.025	3분
1.5	1.083	10분
2	1.25	30분
4	2.125	2시간 15분
10	5.05	8시간 6분
100	50.005	4일 4시간 36초

k값과 속도 사이의 관계는 다음 장에서 살펴볼 것이지만 여기에서 k=0.0001은 초속 19마일에 해당하는데 이 속력은 지구의 궤도 속력이고

인공위성의 속력의 약 4배이며, k=10은 광속의 90%에 해당하고 k=100은 광속의 99.98%에 해당한다는 것을 언급할만한 가치가 있다.

일상생활에서 k값은 항상 1에 매우 가까워서 시간차는 거의 알아차릴 수가 없다. 그렇게 경로에 독립적인 시간이라는 착각이 조장되었다.

이제 브라이언이 시계를 낀 그의 어린 아들과 함께 여행했다고 가정하자. 찰스가 브라이언을 지나갈 때 브라이언은 소년을 찰스에게 건네주어 찰스는 소년을 잘 받았다. 그래서 알프레드와 만날 때까지 찰스는 소년과 함께 여행했다. 그때 여러분은 다음과 같이 논할지도 모른다. "그러나 알프레드는 자기가 정지하고 있고 소년이 여행한다고 여기듯이 소년도 마찬가지로 알프레드가 여행자이고 그는 정지하고 있다고 간주할 권리가 있지 않은가?" 그러나 이것은 잘못된 이야기이다. 브라이언, 찰스 그리고 알프레드는 모두 관성 관찰자들이다. 그들은 어떠한 급격한 움직임의 변화도 겪지 않는다. 그들 중 누군가가 우리가 실험을 시작할 때 한 줄로 배열한 달걀 가방을 가지고 있었다면 가방은 끝까지 정렬된 채 그대로 있을 것이다. 그러나 소년은 관성 관찰자가 아니다. 그는 급격한 속도의 변화를 체험했다. 그가 만약 한 줄로 배열된 달걀 가방을 가지고 있었다면 마지막에 가서 보면 엉망으로 섞여 있을 것이다. 관성 관찰자인 알프레드와 관성계가 아닌 소년을 비교할 수 없다. 따라서 대칭성도 없고 이러한 방법으로는 아무런 곤란함도 야기되지 않는다. 다음 장에서 보다 자세히 조사할 문제인데, 브라이언이 찰스에게 소년을 건네주었을 때 소년이나 그의 시계에 쇼크가 크지 않았다고 가정하자. 그러면, 소년이 알프레드를 마지막으로 만났을 때는 처음 만났을 때보다 2시간 더 지났고, 알프레드는 2시간 10분 더 경과했다. 우리는 이것을 또다시 마일 수와 비교할 수 있다. 두 도시 사이의 모든 마일 수 중에서 가장 짧은 것은 직선으로 여행할 때 얻어진다. 다른 것은 모두 더 길다. 상대성 이론에서 시간의 경우도 이와 같은 것이 성립한다. 어떤 두 사건 사이에서 관성 관찰자가 잰 시간이 가장 길다. 다른 사람이 잰 시간은 조금 더 짧다.

따라서 브라이언에게서 찰스에게로 던져지는 그런 비참한 경험만 아니라면 사람들은 아마 여행으로 젊음을 유지할 수 있을 것이다. 이 예에서 관찰자들의 상대 속도는 다음 장에서 계산할 것이다. 상대 속도는 매우 큰 초속 수만 마일이라는 것이 분명하다. 그러한 속력은 일상의 경험과 매우 거리가 있어서 그런 이상한 경험의 결과가 익숙하지 않다는 것이 전혀 놀랍지 않다.

9장

속도

앞의 두 장에서 한 관성 관찰자에 의한 송신 간격에 대해 다른 관찰자가 측정한 두 섬광 사이의 수신 간격의 비가 주어졌을 때 관성 관찰자들의 다양한 결과를 추론했다. 우리의 연구에 매우 근본적인 이 비를 좀 더 직접적으로 와닿는 상대 속도와 어떻게 연관 지을 수 있을까?

앞 장의 알프레드와 브라이언의 상대 운동으로 되돌아가 보자. 현실적으로 빛 대신에 레이더를 사용하자. 원리는 같다. 알프레드의 신호를 받자마자 브라이언은 동시에 그의 레이더로 응답할 수 있다고 가정하자. 이 상황은 달이나 우리가 정확하게 위치를 측정하고 싶은 어떤 인공위성에 레이더를 발사해 반사되어 되돌아오는 것을 수신하는 것과 다르지 않다는 것을 여러분들은 주목해야 할 것이다(그림 18).

주어진 수신 간격과 송신 간격의 비가 3:2이므로 6분 간격으로 발사된 알프레드의 신호는 브라이언이 9분 간격으로 수신한다. 또 두 관찰자가 서로 통과할 때 그들의 시계가 모두 정오 12시를 가리킨다고 가정한다. 만약 알프레드가 정오 12시에 첫 번째 펄스를, 오후 12:40에 두 번째 펄스를 발사한다면 브라이언의 측정으로는 두 신호가 60분 간격으로 도착할 것이다(그림 19). 브라이언은 알프레드의 시계로 정오 12시에 알프레드와 같

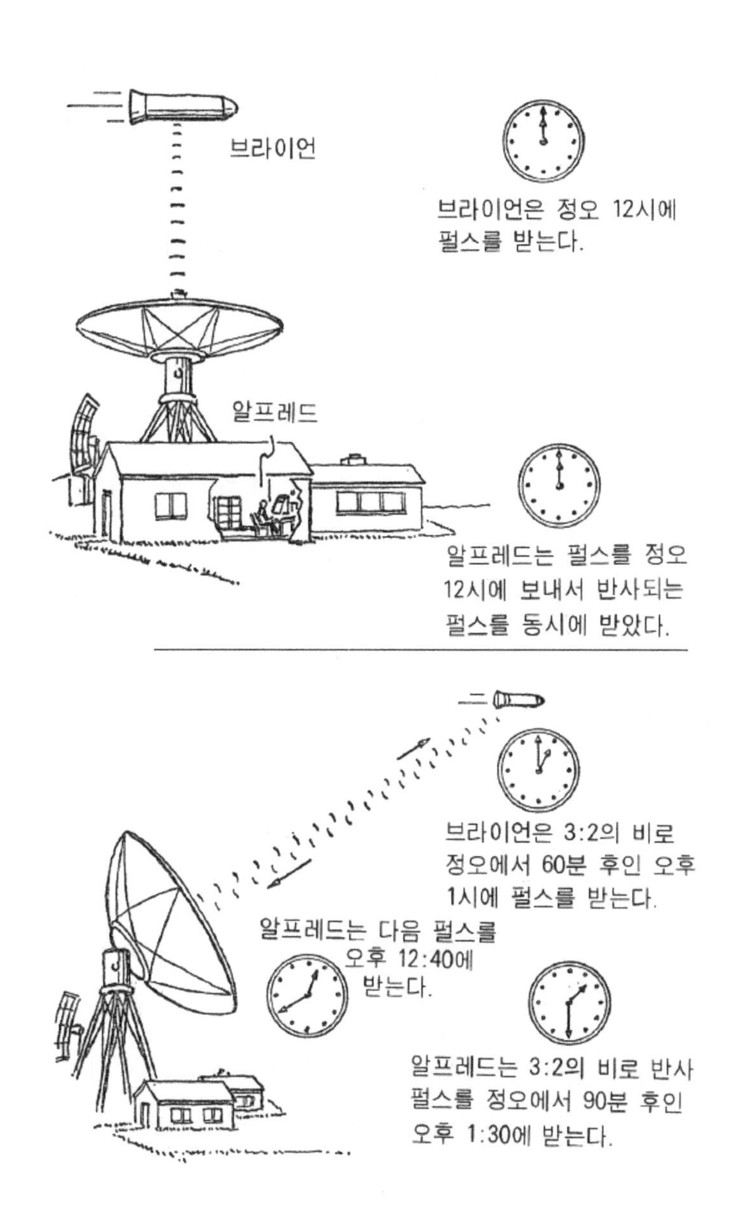

그림 18. 알프레드는 브라이언의 속력을 측정한다(간격비 3:2)

이 있고 알프레드의 첫 번째 신호를 바로 그 시간(브라이언의 시계 역시 정오 12시)에 받고 두 번째 신호는 찰스와 그가 만나는 순간인 오후 1시에 받는다. 브라이언은 즉시 펄스로 응답하는데 그의 시계로 정오에서 60분 후에 발사하는 이 응답은 3/2의 비로 정오에서 90분 후에 알프레드가 받는다(그림 19). (앞에서 논의한 바대로) 알프레드와 브라이언 둘 다 자신은 정지해 있고 상대방이 움직인다고 말할 수 없다는 것을 기억하자. 그들이 말할 수 있는 것은 서로 멀어지고 있다는 것뿐이다. 따라서 비 3/2는 두 방향의 신호 모두에 적용된다. 결국 알프레드는 레이더 펄스를 오후 12:40에 보내서 반사파가 50분 후인 오후 1:30에 되돌아온다. 두 관찰자 사이의 거리의 2배인 알프레드에게서 브라이언 다시 알프레드에게 되돌아오는 데 50분이 걸렸다. 그러므로 이 시간의 절반 즉 25분은 빛(혹은 레이더 펄스)이 알프레드에게서 브라이언까지 가는 데 걸린 시간이다. 따라서 응답하는 순간 브라이언의 거리는 25광분(광분: 빛이 1분간 간 거리)이다.

그런데 알프레드는 브라이언이 거기에 도착하는 데 얼마가 걸렸다고 측정했는가? 알프레드는 그의 레이더 펄스의 반사 시간을 발사 시간과 되돌아온 시간의 절반과 연관시켰다. 즉 오후 12:40과 오후 1:30의 절반은 오후 1:05이다. 알프레드는 이 절반이 되는 순간을 반사되는 순간이라고 택하는 데 선택의 여지가 없다. 정의에 의해 광속은 1이고 따라서 알프레드의 관점에서 빛이 브라이언에게 가는 데 걸리는 시간과 돌아오는 데 걸리는 시간이 같아야 했기 때문이다. 무엇보다도, 아주 다르게 움직이는 어느 물체가 우연히 브라이언이 응답하는 순간과 일치하여 빛이 반사

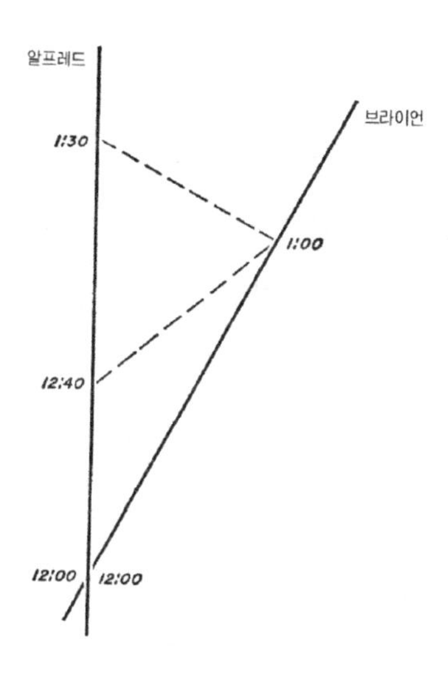

그림 19. 브라이언의 속력을 측정하는 알프레드의 시공간 도표

된 경우를 고려해서 브라이언의 속도를 보정하려고 해서는 안 된다. 따라서 알프레드는 이 순간을 오후 1:05으로 정하지 않을 수 없다. 즉 그는 빛이 25분 가는 거리를 브라이언이 65분(12:00에서 1:05까지) 걸렸다는 해답에 도달했다. 그리하여 브라이언의 알프레드에 대한 상대 속력은 알프레드가 측정할 때의 광속의 25/65=5/13이다. 약속된 광속의 값을 쓰면 이 분수는 알프레드에 대한 브라이언의 상대 속력이 초속 71,700마일이라는 값을 준다. 표준에 의하면 매우 큰 값이지만 얼마든지 가능한 속력이다. 우리의 가정에 의하면 알프레드에 대한 찰스의 상대 속력은 완전히 같다.

아인슈타인의 긴 기차

여기서 우리가 논의할 주제인 아인슈타인의 특수 상대성 이론은 1905년에 발표되었다. 그때는 비행기가 발명되어 하늘을 날기 시작한 지 불과 2년밖에 안 되었다. 기차의 경우도 속도의 한계가 있었기 때문에 시속 150마일 이상으로 달리는 기차를 생각하는 것은 상당히 어려운 일이었다. 그런데 1916년에 아인슈타인이 일반 대중을 위해 상대성 이론에 대한 책을 썼을 때, 그는 자신의 아이디어를 설명하기 위해 끝없이 긴 기차가 끝없이 긴 제방을 광속에 접근하는 속력으로 지나가는 것을 상상하는 것보다 더 좋은 예는 없다고 생각할 수 있었다! 40여 년 이상 동안 상대성 이론을 설명하려고 시도했던 그의 추종자들은 같은 곤경에 빠졌다. 심지어 1958년 버틀란드 러셀의 『상대성 이론의 ABC』의 개정판에서도 광속의 3/5의 속력으로 매우 길이가 긴 직선 철로를 따라 달리는 기차와 연관된 여러 문제를 고려한다. 필자들은 아무런 선택의 여지가 없었다. 그들은 그러한 기차만이 일반 대중을 이해시키는 데 가능한 유일한 예라고 생각했던 것이다. 조금 놀라운 일은 일반 대중들이 상대성 이론을 기껏해야 철학자들의 비현실적인 사색이나 최악의 경우에는 학자들의 공상으로 간주했을 수도 있다는 것이다.

오늘날 이 모든 것은 변했다. 우리는 로켓을 달과 금성 근처까지 보낸다. 가장 완고한 회의론자조차도 이 책을 읽는 가장 젊은 독자의 생애 안에 어떤 종류의 우주정거장이 건설될 것이라는 것에 대해 더 이상 의심하

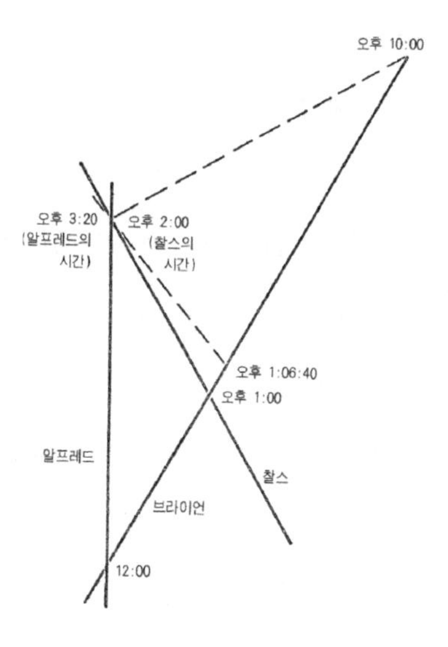

그림 20. 브라이언의 찰스 속력 측정(간격비 3:1)

지 않는다. 러시아와 미국의 우주비행사들은 시속 20,000마일에 달하는 속력으로 지구 둘레를 도는데, 우리의 브라이언은 초속 71,700마일이어서 20,000마일과는 아직 거리가 멀지만, 아버지와 할아버지 세대에서는 매우 이해하기 어려웠던 속력들을 이제 현실적으로 생각할 수 있게 되었다. 실험 물리학자들은 날마다 큰 가속기로 광속의 9/10의 속력으로 실험한다. 상대론적 효과는 고려해 주어야만 한다. 불과 몇 년 안에 특수 상대성 이론은 구름 같은 환상 또는 철학적 사색에서 벗어나 일반적인 영역의 굳은 기초 위에 적절한 발판을 두게 되었다.

배워야 할 확실한 필요가 생겼을 때 배우는 게 더 쉬운 것이 인간의 본성이다. 우리 아버지 세대에서는 상대성 이론을 이해해야 할 실제적인 필요가 전혀 없었지만 우리는 다르다. 우리는 스스로 40년 전처럼 정서적 불안 없이 알프레드, 브라이언과 찰스의 모험에 동조하여 아인슈타인의 무한히 긴 기차의 승객이 될 수 있다. 알프레드, 브라이언과 찰스는 더 이상 허구가 아니다. 공간에서 그들의 기동성은 좀 더 복잡하고 자세하게 개선된 형태로 오늘날 과학기술자들의 실험적인 기술에 도전하고 주의를 요하는 상황을 대표한다. 따라서 우리가 찾는 매우 실제적인 현상 속에 있는 개념을 파악하는 것을 항상 유념하고 특수 상대성 이론에서 세 관성 관찰자들이 조사하는 시간차로 되돌아가자.

레이더에 의한 상대 속도 결정 방법

8장에서 살펴본 관찰자들의 운동으로 되돌아가서 조금 다른 상황을 고려해 보자. 알프레드에 대한 브라이언과 찰스의 상대 속력이 같고 브라이언은 알프레드와 찰스를 자신의 시계로 1시간 간격으로 만난다. 따라서 찰스가 브라이언과 알프레드와 만나는 것도 자기 시계로 1시간 간격이라는 것을 다시 가정하자. 그러나 이번에는 브라이언의 섬광 발사 간격에 대한 알프레드의 수신 간격이 3/2이 아니고 인자가 3이라고 가정하자(그림 20).

그러면 브라이언의 두 만남 사이의 간격 1시간은 알프레드에게 3시간이고 찰스의 1시간은 알프레드에게 1시간의 1/3인 20분이다. 따라서 이미 이야기한 것처럼 브라이언과 찰스와의 만남 사이의 시간은 알프레드의 시계에는 3시간 20분으로 나타난다. 알프레드가 하나의 레이더 펄스를 오후 12:20에 발사한다면(브라이언이 알프레드를 지나가고 20분 후) 3:1의 비로 이 펄스는 브라이언에게 그와 만난 지 60분 후인 오후 1시에 도착한다. 비 3:1을 다시 적용하면 발사된 이 파는 알프레드에게 알프레드의 시계로 오후 3시에 되돌아온다. 이 시간은 레이더 펄스를 발사하고 나서 160분 후이다. 따라서 그와 만난 장소에서 80광분 떨어진 거리이고 시간은 오후 12:20과 3시의 절반인 1:40에 해당한다는 것을 알게 된다. 즉 알프레드의 100분 동안 브라이언은 80광분의 거리를 갔고 따라서 브라이언은 광속의 4/5—초속 150,000마일로 진행한다.

브라이언의 속력을 계산하는 것은 항상 광속보다 작은 속력을 가져온다. 결국 나중에 우리가 볼 것은 광속을 초과할 수 없다는 것이다. 브라이언에 대한 찰스의 상대 속력에 관해 뭐라고 말할 수 있을까? 일상생활에서 물체의 속도는 단순히 더해질 수 있다는 아이디어에 익숙해져 있다. 기차가 우리를 시속 60마일로 지나가고, 기차 안에서 한 사람이 시속 3마일로 앞으로 간다면, 우리에 대한 그 사람의 상대 속도는 바로 시속 63마일이다. 그러나 이 초보적인 계산을 사용하면 알프레드에 대한 찰스의 상대 속력은 브라이언과 같고 방향은 반대이다. 브라이언의 알프레드에 대한 속력은 광속의 4/5이므로 찰스는 브라이언에 대해서 광속의 8/5로 움직인다는 결론에 도달할 것이다. 이것은 방금 말한 결과와 위배된다.

그러나 우리는 그런 결론으로 비약해서는 안 된다. 실제로 자주 사용되고 방금 이용한 레이더 방법과 같은 종류로 속도를 연구하는 완벽하게 좋은 방법이 있다. 이 예에서 브라이언에 대한 찰스의 상대 속력을 결정하기 위하여 같은 방법을 직접 사용할 수 있다. 브라이언 자신이 찰스와 알프레드의 만남까지의 거리를 결정하고 싶어 한다고 가정하자. 레이더를 사용하려면 찰스가 그를 지나간 뒤 좀 경과한 후에 펄스를 발사해야만 한다. 왜냐하면 빛은 찰스보다 더 빨리 움직이고 그 만남에서 오는 반사파가 브라이언에게 도착할 때까지 기다려야 하기 때문이다. 방금 고려한 빠른 운동에서, 브라이언이 알프레드를 지나간 후 200분(알프레드의 시계로)에 찰스와 알프레드가 만났다. 그 시간에 알프레드에게 레이더 펄스가 도착하려면 브라이언은 언제 발사해야 하는가? 송신 간격과 수신 간격의 비가 지금은 3이므로 브라이언의 시계로 200분의 1/3 간격 후에 펄스를 발사했어야만 한다는 결론이 나온다. 즉 브라이언이 알프레드를 떠난 후 1시간 6분 40초(그림 20), 혹은 찰스가 브라이언을 만난 지 6분 40초 후이다. 레이더 펄스는 알프레드의 시계로 알프레드가 브라이언 및 찰스와 만난 간격의 3배의 시간에 브라이언에게 되돌아올 것이다. 3시간 20분의 3배는 10시간이다. 따라서 브라이언은 그가 펄스를 발사하고 나서 8시간 53분 20초 후인 오전 10시에 반사 펄스를 수신한다. 그러므로 브라이언의 측정으로는 알프레드와 찰스의 만남 사이의 거리는 4광시간 26광분 40광초이다. 브라이언은 이 만남에 찰스가 떠난 후 광선의 발사와 수신 사이의 간격의 절반인 4시간 33분 20초를 연관시켰다. 브라이언의 측정으로 찰스는 4광시간 26광분 40광초의 거리를 4시간 33분 20초에 지나간다. 이것은 광속에 매우 가까운 속력이다. 실제로 약 97.5%이고 광속을 초과하지는 않는다. 따라서 각각 광속의 80%인 두 속도를 더해서 겨우 광속의 97.5%의 속도를 얻는다.

이 논의를 계속하면, 우리는 광속보다 작은 속도를 아무리 여러 개 더하더라도 결코 광속과 같거나 초과하는 속도를 얻을 수 없다는 것을 알게 된다. 우리는 항상 광속보다 낮은 속도를 가진다. 물론 이것은 큰 속도를 더하는 것은 작은 속도를 더하는 것처럼 그렇게 간단하지는 않다는 것을 의미한다. 그러나 이것은 의미 있는 방식으로 속도를 측정하고 결정하는 방법을 직접 정의한 결과이다. 따라서 이 문맥에서 나타난 광속은 무지개와 같다. 아무리 도달하려고 노력해도 결코 도달할 수가 없다.

조금 다르게 보면 이 결과는 우리의 가정에 있어서 실제로 가장 명백한 결론이다. 만약 한 관찰자가 빛보다 느리게 움직이면 그가 발사한 빛은 그보다 어디든지 먼저 간다. 그리고 다른 모든 관찰자들은 이 결과에 동의할 것이다. 어떻게 움직이더라도, 다른 모든 관찰자에게 빛을 발사한 사람은 빛보다 천천히 움직이는 것으로 나타날 것이다. 광속은 모든 관찰자에게 같기 때문에 어떤 사람에 대해서도 그의 상대 속도는 빛보다 작을 것이다.

k와 v의 관계

일반적으로 이것을 연구하기 위해 간격비를 k라고 가정하자. 알프레드는 브라이언이 알프레드를 통과하고 시간 T가 지난 후 레이더 펄스를 발사한다. 편의상 두 사람의 시간 측정 모두 시작점이 공통인 것으로 간주한다. 그러면 이 펄스는 시간 kT에 브라이언에게 도착할 것이다. 브라이언의 반사파는 시간 $k \times kT = k^2T$에 알프레드에게 도착할 것이다.

따라서 알프레드의 송신과 수신 사이의 간격은 $(k^2-1)T$이고 응답하는 순간의 알프레드로부터 브라이언의 거리는 $(k^2-1)T/2$이다. 또한 광속은 모든 방향에서 1로 같기 때문에, 응답 순간은 알프레드에게 송신과 수신 사이의 절반으로 간주된다. 즉 시간 $(k^2+1)T/2$이다. 시간 0에서 이 순간 사이에 브라이언은 알프레드 근처에서 거리 $(k^2-1)T/2$까지 위치를 바꾸었다. 따라서 브라이언의 속도는 이 양들의 비이다. 즉

$$(1) \qquad v = \frac{k^2-1}{k^2+1}$$

v는 하나의 순전한 수이고 광속을 1로 만드는 하나의 자연스러운 결과인 것을 주목하자. k=1(같은 간격)은 상대적으로 정지하고 있는 상태 v=0에 해당하고, k를 1/k로 단순히 바꾸는 것은 8장의 결과와 일치해서 v의 부호만 바꾸는 것에 해당한다. 마지막으로 모든 k값에 대해 속도 v는 -1(접근

하는 광속)과 +1(멀어지는 광속) 사이에 있다는 것을 관찰할 수 있을 것이다. 이것은 v=+1인 경우의 측정을 생각해보면 명확해진다. 그렇게 되면 레이더 펄스는 결코 브라이언을 따라잡을 수 없게 되기 때문이다. 또 k를 역수로 바꾸면 v=-1에 대해서도 그와 같이 알 수 있다. 방정식 (1)을 k에 대해 풀면 다음과 같다.

$$(2) \qquad k=\left(\frac{1+v}{1-v}\right)^{1/2}$$

관례적인 v의 값(단위: 마일/초)을 포함하는 v와 k와의 관계는 아래 표에 주어진다.

k	1	1.001	1.1	1.5	3	10	100
v	0	0.001	0.095	0.385	0.8	0.98	0.9998
v (매초당 마일)	0	186	17,7000	71,700	149,000	182,000	186,000

속도 합성

다음으로 속도 합성을 고려해 보자. 알프레드, 브라이언 그리고 에드거 이렇게 세 관찰자가 있다고 하자. 송신 간격에 대한 수신 간격의 비는 알프레드와 브라이언이 k, 브라이언과 에드거가 k′이라고 하자. 또 알프레드가 보았을 때 에드거가 브라이언 너머에 있다고 가정하자(그림 21). 시간 간격 T로 알프레드가 발사했던 신호는 브라이언이 kT의 간격으로 받는다. 알프레드로부터 신호를 받을 때마다 브라이언이 섬광을 발사한다면(즉 간격 kT로) 에드거는 이것을 알프레드의 신호와 동시에 간격 kk′T로 수신할 것이다. 따라서 알프레드와 에드거 사이의 비는 kk′이다. 다시 말하면, 'k는 곱해진다' 이것은 속도 합성의 근본적인 규칙으로 저속의 경우에는 우리에게 익숙한 형태인 직접 더하기로 바뀐다. k값이 몇 개 곱해지더라도 최후의 k값에 해당하는 속력은 여전히 (1)에 의하여 광속보다 작다는 것을 명심하자.

속도에서 k를 곱하는 효과를 연구하기 위해 브라이언-알프레드의 속도를 v, 브라이언-에드거 속도를 v′, 그리고 알프레드-에드거 속도를 w라 하자. 그러면

(4)

$$k=\left(\frac{1+v}{1-v}\right)^{1/2},\ k'=\left(\frac{1+v'}{1-v'}\right)^{1/2},\ w=\frac{k^2(k')^2-1}{k^2(k')^2+1}=$$

$$=\frac{\left(\frac{1+v}{1-v}\right)\left(\frac{1+v'}{1-v'}\right)-1}{\left(\frac{1+v}{1-v}\right)\left(\frac{1+v'}{1-v'}\right)+1}=\frac{v+v'}{1+vv'}$$

v와 v′이 작을 때 그 합이 w와 같다는 것을 쉽게 볼 수 있다. 반면에 1을 넘지 않는 임의의 v와 v′에 대해 w 또한 1을 초과하지 않는다. 이 모든

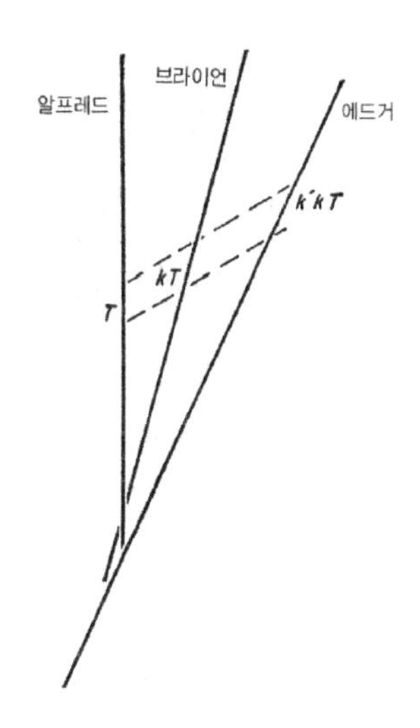

그림 21. k인자의 합성

것은 앞에서 얻은 특별한 경우에서의 결과를 만족시킨다.

고유 속력

상대성 이론에 속도를 도입하는 또 다른 방법이 있다. 이것은 우리에게 일상적인 개념인 단위 시간당 간 거리와는 가깝지 않지만 유용한 양이다.

알프레드는 브라이언과 찰스의 만남 사이의 거리를 측정하기 위해 유일한 방법인 레이더 기술을 사용한다. 그러나 경과한 시간을 측정하기 위해서는 레이더 펄스의 발사 시간과 수신 시간의 평균을 사용해야만 했다. 그렇게 하는 대신에, 그가 브라이언의 시계를 볼 수 있었다면 알프레드가 측정하는 브라이언이 간 거리에 대해 '브라이언이 직접 잰' 브라이언이 이 거리를 가는 데 걸리는 시간의 비를 만들 수 있었을 것이다. 따라서 우리는 고유 시간이라 불리는 다소 혼합된 양을 가지게 된다. 고유라는 말은 브라이언에게 속하는 시간—브라이언의 고유 시간—으로 나누기 때문에 도입한다. 브라이언의 측정으로, 알프레드를 떠나서 찰스를 만나는 데 60분이 경과했다. 따라서 그는 자신의 시간 60분에 25광분의 거리를 갔다. 앞에서 얻은 그의 일반적인 속도가 5/13인 반면에 고유 속력은 5/12이다. 그다음에 고려했던 더 빠른 운동에서 보면, 기억할 것이지만 브라이언과 알프레드 사이의 송신과 수신 간격의 비가 3:1인 경우 알프레드에서 찰스를 만난 브라이언의 거리는 80광분이었다. 또다시 브라이언의 측정으로 그가 알프레드를 떠난 후 1시간이 경과했다. 따라서 그의 고유 속력은 이 경우에 4/3이다. 즉 한 물체의 고유 속력은 1보다 커질 수 있다. 실제로 고유 속력은 무한히 커질 수 있고 이러한 기초 위에서 빛의 고유 속력은 무한대이다. 이 결과는 이미 이야기한 것에서 쉽게 추론할 수 있다.

여러 가지 목적에서 상대성 이론의 계산상 고유 속력은 속도보다 다루기가 더 쉽다. 요점은 보통의 속도는 다른 관찰자가 다르게 측정하는 거리를 다른 관찰자가 다르게 측정하는 시간으로 나눈다는 것이다. 한편 고유 속력에서 거리는 여전히 다른 관찰자에 의해 다르게 측정될 것이다.

그러나 적어도 시간만은 관찰자 자신이 측정한 고유 간이고 모든 사람이 동의하는 것이다. 브라이언의 생애 안에서 일어나는 두 사건 사이를 나타내는 브라이언의 시계는 어디에서 보든지 똑같이 보일 것이다.

빛의 특이한 성질

우리가 고려한 것에서 더 심오한 결과를 추론할 수 있다. 우리는 브라이언과 알프레드 사이의 송신 간격에 대한 수신 간격의 비를 3/2에서 3으로 증가시켰을 때, 브라이언이 알프레드와 찰스를 각각 만나는 시간 간격의 차는 알프레드가 측정했을 때나 브라이언과 찰스가 측정했을 때 모두 증가한다는 것을 이미 보았다. 두 경우 모두 다 브라이언/찰스가 측정한 시간을 2시간으로 택했을 때 알프레드가 측정한 시간은 2시간 10분에서 3시간 20분으로 증가했다. 분명히 비를 크게 할수록 알프레드의 시간은 더 길어질 것이다. 반대로 우리가 비를 증가시킨 만큼 브라이언과 찰스의 시간을 줄여서 알프레드의 시간을 똑같이 유지할 수도 있다. 알프레드의 관점에서 브라이언과 찰스의 속도가 점점 광속에 더 가까워질수록, 빛은 그들을 따라잡기가 점점 어려워지고 따라서 송신 간격에 대한 수신 간격의 비는 3/2에서 3으로, 또 점점 더 높은 속도를 고려할 때마다 제한 없이 계속해서 증가할 것이다. 그때 알프레드가 브라이언과 찰스와 만나는 시간 간격을 일정하게 하기 위해서는, 브라이언과 찰스가 측정한 첫 번째 만남과 마지막 만남 사이의 시간을 줄여야 한다. 만약 한계 상황으로 갔을 때 실제로 브라이언과 찰스가 광파를 타고 있다면 그들의 측정상으로 시간은 전혀 경과하지 않을 것이다.

우리는 실제로 광속으로 여행하는 사람을 상상할 수가 없다. 이미 살펴본 것처럼 속도를 광속까지 증가시킬 아무런 방법이 없기 때문이다. 그러나 우리는 빛 자체를 생각할 수는 있다. 브라이언과 찰스의 만남에서 거울을 생각할 수 있다. 거기서 발사된 빛은 반사되어서 결국 알프레드에게 도착한다. 그때 만약 이 광선이 시계를 가지고 있다면(다소 터무니없는 생각이지만 우리가 한계에 접근할 수 있는 방법이다) 이 시계로는 알프레드를 떠나서 알프레드에게 다시 되돌아올 때 즉, 알프레드를 떠나서 거울까지 가서 거울에서 다시 되돌아올 때 전혀 시간이 걸리지 않았을 것이다. 우리는 이것을 다르게 말할 수 있다. 단순히 빛은 나이를 먹지 않는다고 말할 수 있다. 빛에 대하여는 시간이 경과하지 않는다. 이러한 관점은 빛의 유일하고 보편적인 특성을 좀 더 명확하게 하는 데 도움을 준다. 빛은 일단 만들어지기만 하면 나이를 먹지 않는다는 사실 때문에 변할 수 없다. 따라서 항상 같은 시간으로 남아 있다.

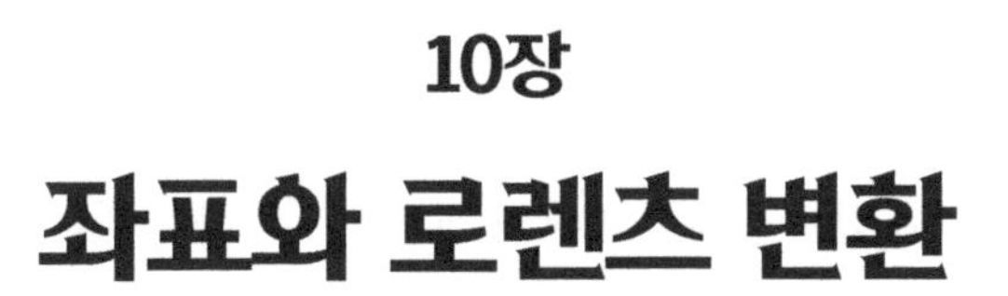

10장
좌표와 로렌츠 변환

이제까지 인자 k를 사용하여 아인슈타인의 상대성 이론의 모든 결론을 유도했다. 우리는 시간의 본질에 관한 새로운 통찰을 얻게 되었다. 특히 쉽게 관측할 수 있는 상대성 이론의 결론을 전개하기 위하여 실제로 이 k 계산은 많이 사용할 수 있고 따라서 상대성 이론을 아주 강력히 지지할 수 있다. 한편 지금까지 출판된 교과서들은 모두 좌표와 좌표의 변환을 사용해서 연구했다. 물론 이러한 방법은 우리의 방법과 완전히 동등하다. 그러나 이 방법은 좀 더 일반적인 수학적 유도와 연관시키는 등의 약간의 장점이 있다. 그러므로 이 장에서는 앞이나 뒤의 장들보다 좀 더 수학적이지만 상대성 이론에 약간의 선지식이 있는 사람에게 특별히 더 유용하기를 희망한다.

좌표의 의미

수학자들은 좌표를 한 점의 위치를 고정하기 위해 사용하는데, 좌표의 전체적 의미를 논하는 것이 더 유리할 것 같다. 가장 간단한 경우는 예를 들면 종이나 칠판 또는 방바닥 같은 평면에서 조사할 때 생긴다. 이때 서로 직교하는 두 직선—두 좌표축—에서 수직하는 거리를 각각 주면 임의의 점의 위치를 정할 수 있다. 일반적인 용어로 한 좌표는 x라 하고 다른 좌표는 y라 부른다. y가 0이 되는 직선을 x축이라 하고 마찬가지로 x가 0이 되는 직선을 y축이라 한다. 두 개의 좌표축과 임의의 수의 쌍 x, y가 주어졌을 때 이 수의 쌍에 대응하는 점을 평면에서 쉽게 찾을 수 있다. 반대로 평면에서 점이 주어졌을 때 두 축에서 직교하는 거리를 간단히 재기만 하면 좌표를 쉽게 알 수 있다. 따라서 이것은 평면에서 점의 위치를 정하는 매우 간단하고 편리한 방법이며 실제로 많이 사용된다.

피할 수 없는 한 가지 어려운 점은 좌표축의 선택이 임의적이라는 것이다. 한 쌍의 좌표축에서 조사한 것과 마찬가지로 다른 쌍의 좌표축에서도 똑같이 조사할 수 있다. 우리가 좌표축들을 바꿀 때 무슨 일이 생기겠는가? 좌표축을 바꾸는 데에는 서로 다른 두 가지 방법이 있다. 하나는 매우 간단한 것으로 축들을 평행 이동시킨다. 즉 새로운 좌표축들의 방향은 구 좌표축들과 같고, 단지 다른 한 점에서 만날 뿐이다. 새로운 좌표들을 x′과 y′이라 한다면 이 새 좌표들은 구 좌표들과 간단한 수의 더하기로 연결되어 있을 것이다. 새 좌표의 임의의 한 점은 구 좌표계의 x에 하나의 수를 y에 다른 하나의 수를 각각 더해서 얻을 수 있다. 어떤 점이라도 이 덧셈에서 같은 수들을 사용한다. 단지 이 수들은 새 좌표계에서 구 좌표계의 원점의 좌표이기 때문이다.

좀 더 흥미 있고 우리의 연구에 더 중요한 변환은 축을 평행 이동시키는 대신에 축을 어떤 각으로 회전시키는 경우에 생긴다. 우선 원점은 변하지 않은 채 좌표축을 회전하기만 하더라도 구 좌표에서 새 좌표의 변환은 제법 복잡하다. 이 변환을 자세히 논할 필요는 전혀 없다. 다만 확실한 것은—이것은 결정적인 요점이다—새 x좌표는 구 좌표계의 x와 y좌표 둘 다에 의존하고 새 y좌표도 마찬가지이다. 다시 말하면 우리가 새 좌표들을 계산하려고 할 때 구 좌표들이 뒤섞인다.

일상생활에서 이렇게 복잡한 것은 매우 익숙하다. 우리가 집 한 채를 볼 때 한 변을 가로라고 하고, 나머지 한 변은 세로라고 부른다. 모퉁이를 돌아가서 다른 곳에서 그 집을 보면 이제는 가로가 세로가 되고 세로는 가로가 될 것이다. 그리고 집을 경사가 진 매우 복잡한 평면도에서 보면 차원은 서로 뒤섞일 것이다—새로운 가로는 이전의 가로와 세로의 어떤 합성일 것이다. 이런 이유로 수학자들은 평면을 2차원이라고 한다. 평면상의 한 점을 정하는데 '2'개의 수가 필요하고 이 두 수는 축을 회전시킬 때 서로 뒤섞인다. 이것은 좌표와 다른 성질 사이의 중요한 차이이다. 예를 들면 집의 온돌을 디자인하고 있다고 하자. 그러면 바닥의 각 점에서 온도에 매우 관심이 있으므로 각 점에서 온도를 정하는 것이 두 벽에서부터 거리와 마찬가지로 중요하다고 할 수 있다. 이제 마루의 각 점에 세 수가 지정되더라도(즉, 두 벽에서부터 거리와 그 점의 온도) 온도를 제3의 차원이라고 하지는 않는다. 의미 있는 좌표 변환이 전혀 없고 또 온도를 다른 두 좌표와 뒤섞는 것은 아무 의미가 없다는 아주 그럴듯한 이유에서 온도를 제3의 차원이라고 부르지는 않는다.

이렇게 '서로 뒤섞일 수' 있다는 것은 차원의 결정적인 요점이다. 일반적인 좌표 변환에서는 원점을 이동시키고 좌표축도 회전시킨다. 한 점을 구 좌표계의 한 쌍의 수 x, y로 나타내면, 새 좌표계에서는 매우 다른 한 쌍의 수 x', y'으로 나타날 것이다. 그럼에도 불구하고 다른 두 개의 좌표계는 서로 미묘하게 연결이 된다. 두 점을 x, y와 $\overline{x}, \overline{y}$ 라 하자. 새 좌표계에서 첫 번째 점을 x', y', 두 번째 점을 $\overline{x}'$, $\overline{y}'$ 이라고 하자. 두 좌표계 사이에 한 가지 변하지 않는 것은 두 점 사이의 거리이다. 즉 두 점을 나타내는 4개의 숫자를 합성해서 두 점 사이의 거리라는 것을 만들 수 있는데, 이 거리는 구 좌표계와 새 좌표계에서 똑같다. 좌표계를 변환해도 변하지 않는 그러한 양들을 수학자들은 불변량이라고 부른다.

축의 회전

축을 단순히 평행하게 이동시키는 것은 아주 쉬운 일이다. 이제 우리는 좌표축의 원점이 다른 한 점으로 옮겨가도록 평행 이동을 시키고, 그 다음에는 원점에 대해 회전을 시킨다. 그러면 원점에서 점 x, y까지의 거리는 얼마인가? 피타고라스 정리를 간단히 이용하면 거리의 제곱은 x^2+y^2이다. 원점에 관해 축을 회전시켜도 원점으로부터의 거리는 변하지 않는다. 따라서 좌표의 회전에서 x^2+y^2은 자기 자신으로 변환한다는 정리를 얻게 된다. 적어도 그 값은 변하지 않는다. 우선, 평면상의 한 점을 정하기 위해 두 개의 좌표가 필요하고 두 번째로 이 두 좌표는 좌표축을 변화시킬 때 서로 뒤섞이고 세 번째로 좌표 변환을 했을 때도 변하지 않는 좌표들의 합성, 즉 불변량이 존재하기 때문에 그 결과 평면을 2차원이라 부른다. 예를 하나 들면, (x′, y′)축은 (x, y)축에 대해 30도 경사져 있다고 가정하자. 삼각형을 이용하면 다음 관계식을 알 수 있다(그림 22).

$$x' = \frac{\sqrt{3}}{2}x + \frac{1}{2}y$$

$$y' = -\frac{1}{2}x + \frac{\sqrt{3}}{2}y$$

따라서 불변량은 다음과 같다.

$$\begin{aligned} x'^2 + y'^2 &= \left(\frac{\sqrt{3}x + y}{2}\right)^2 + \left(\frac{-x + \sqrt{3}y}{2}\right)^2 \\ &= \frac{4x^2 + 4y^2}{4} \\ &= x^2 + y^2 \end{aligned}$$

우리가 사는 공간은 한 점의 위치를 정하는 데 3개의 좌표, 즉 가로(길이), 세로(너비) 및 높이 또는 x, y, z가 필요하기 때문에 3차원이라 부른다. 2차원의 경우와 마찬가지로 이 좌표를 3개의 축(우리의 좌표축)을 서로서로 직각이 되게 잡으면 x와 y를 포함하는 평면에서 한 점까지의 수직거리는 z좌표이다. 한 점을 정하는 데 3개의 수가 필요하고, 이 수들은 좌표를 변화시켰을 때 서로 뒤섞이며, 점들 사이의 거리는 좌표를 변화시켜도 변하지 않는 불변량이라는 상황에 다시 봉착했다. 역시 두 가지 종류의 좌

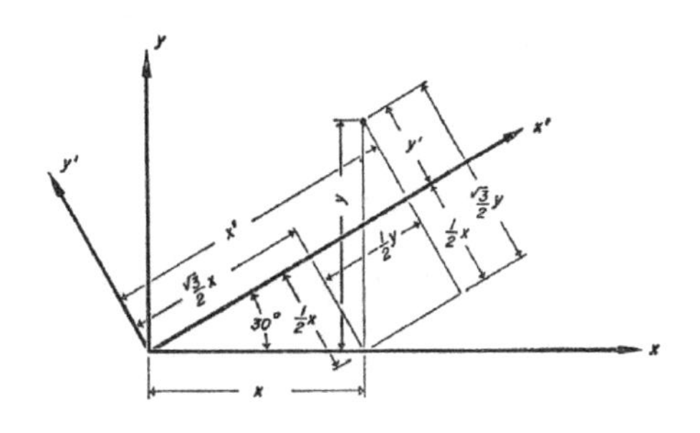

그림 22. 축의 회전

표 변환이 있다. 매우 간단한 변환은 그저 원점을 이동시키는 것으로 모든 점의 좌표에 상수를 더하는 이동이다. 좀 더 복잡한 변환은 새 좌표축이 구 좌표축에 비스듬하도록 회전시키는 것이다. 만약 원점을 고정시킨 채로 좌표를 회전시킨다면 피타고라스 정리를 다시 이용하여 이번에는 $x^2+y^2+z^2$이 변하지 않는다는 것을 알게 된다. 실제로 이 양은 좌표를 매우 일반적으로 회전시켰을 때 변하지 않는 유일한 것, 즉 유일한 불변량이다.

그러나 이 변환을 좀 더 자세히 생각해 보는 것은 유용하다. 어떤 사람이 z축을 항상 연직 방향으로 그린다고 가정하자. 그러면 한 가지 그가 할 수 있는 변환은 수평면에서 x와 y축의 회전이다. 얼마나 많이 회전하느냐는 중요하지 않다—그는 z좌표의 값이 전과 항상 같다는 것을 알게 될 것이다. 따라서 그사람의 관점에서는 공간에서 2개의 불변량이 존재한다. z

좌표 자체와 평면에서 축을 회전했을 때 변하지 않는 x^2+y^2이다. 이것은 그가 연직 방향이 명확한 의미를 가지고 어디에서나 같은 충분히 좁은 영역 안에서 연구하는 한 성립한다. 그러나 그가 좌표들을 새로운 영역으로 확장하고자 한다면 당연히 한 점에서 연직 방향은 다른 점에서 연직 방향과 다를 것이다. 이 축 중의 하나가 항상 연직 방향, z축으로 고려해야 할 특별한 이유는 없다.

그러므로 그의 시야가 넓다면 z축이 기울어지기도 하는 등의 더 많은 좌표 변환을 고려할 것이다. 이 경우 z와 x^2+y^2 두 개의 불변량 대신에 $x^2+y^2+z^2$만이 실제로 유일한 불변량이라는 것을 알게 된다. 그가 이러한 직관을 가지기 전에는 "높이—그것은 가로(길이)나 세로(너비)와는 완전히 다른 것이다. 그 두 가지를 섞을 수 있는 방법은 없고 완전히 다른 양들이다"라고 말했을 것이다. 그러나 경사진 좌표를 고려하는 것을 안 후에는 이렇게 말할 것이다. "물론 x, y와 z는 모두 같다. 결국 그것들은 내가 좌표들을 조금 기울이면 모두 뒤섞이고 이 좌표들 모두 하나의 불변량 속에 들어간다."

로렌츠 변환

이 모든 것을 어떻게 상대성 이론에 적용시킬 것인가? 우리를 내내 인도하는 원칙은 아인슈타인의 상대성 이론—모든 관성 관찰자들은 동등하다—이었다는 것을 회고할 것이다. 이 이론으로부터 높은 속도—광속에

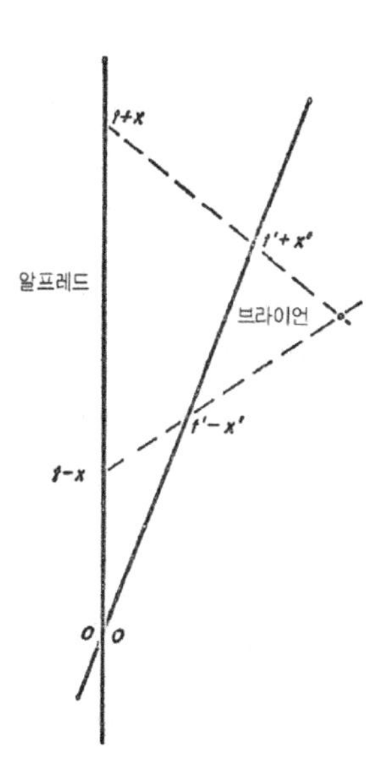

그림 23. 로렌츠 변환

견줄만한 속력—에서 어떤 일이 일어나는지 추론할 수 있었다. 우리가 얻은 통찰 중 가장 중요한 것은 시간은 공적이라기보다는 사적이어서 다른 관성 관찰자들의 시간 측정이 반드시 서로 일치할 필요는 없다는 것이었다. 이것은 가장 인상적인 결과였고 그전에 생각해 오던 것과 완전히 상반된다. 낮은 속도에서 모든 시간은 서로 일치해서 공공의 시간을 형성한다. 따라서 연직 방향이 명확히 구별되어서 z좌표가 불변량이라고 생각할 번했던 지구의 좁은 영역에서만 생활하는 사람들과 마찬가지로 항상 낮은 속도에서만 일하는 모든 사람은 시간이 불변량이라는 환상에 젖어 있었을 것이다. 우리는 8장에서 이미 그렇지 않다는 것을 보았다. 시간은 고속을 고려할 때 변한다. 따라서 시간은 불변량으로 간주할 수 없다. 한 관성 관찰자에게서 다른 관성 관찰자에게로 갈 때 시간은 어떻게 변환되는가? 이제 우리는 k 계산을 사용하여 이러한 변환을 확립할 수 있는데, 이러한 변환을 통틀어서 로렌츠[12] 변환이라고 한다.

알프레드의 좌표를 t, x 브라이언의 좌표를 t′, x′이라 할 때 알프레드는 x=0, 브라이언은 x′=0이고 알프레드와 브라이언이 만났을 때는 t=t′=0이다. 알프레드가 봤을 때 브라이언 너머에 있는 한 사건을 고려해 보자(그림 23). 알프레드는 이 사건에 좌표를 t, x로 지정하면 시간 t-x에 레이더 펄스를 발사해서 시간 t+x에 반사파를 받는다. 마찬가지로 브라이언은 시간 t′-x′에 펄스를 발사해서 t′+x′에 반사파를 받는다. 실제로 브라이언은 알프레드의 펄스가 그를 통과할 때 펄스를 발사해서 알프레드에게 되돌아가는 반사파가 그를 통과할 때 그 펄스를 수신한다.

---

12 Lorentz는 그의 변환을 전자기학을 수학적으로 연구하는 과정에서 로렌츠 변환을 발전시켜서 마이켈슨-몰리 실험을 설명하는 시도에 적용했다. 아일랜드의 물리학자 G. F. Fitzgerald는 움직이는 물체의 길이를 정지한 관찰자가 측정했을 때 운동 방향의 길이가 수축된다면 실험의 부정적 결과는 예측할 수 있었다고 논했었다. 로렌츠 변환은 이 가설과 정확히 일치한다. 아인슈타인은 다른 논의에서 출발하여 같은 식을 전개했다. 서로 등속도로 운동하는 두 관성 관찰자의 시공간 좌표를 연결시키는 방정식에서부터 특수 상대성 이론을 전개하기 위해 아인슈타인의 유도를 따르는 것이 전통적인 방법이다.

따라서

(5)
$$t' - x' = k(t - x)$$
$$t + x = k(t' + x')$$

이것은 명백히 다음과 같다.

(6)
$$t^2 - x^2 = (t')^2 - (x')^2$$

조금 간단히 하면

(7)
$$t' = \frac{1}{2k}(t+x) + \frac{k}{2}(t-x) = \frac{k^2+1}{2k}t - \frac{k^2-1}{2k}x$$

$$x' = \frac{1}{2k}(t+x) - \frac{k}{2}(t-x) = \frac{k^2+1}{2k}x - \frac{k^2-1}{2k}t$$

k를 v로 나타내기 위해 식 (2)를 사용하면 로렌츠 변환을 얻는다.

(8)
$$t' = \frac{t - vx}{(1-v^2)^{1/2}}, \quad x' = \frac{x - vt}{(1-v^2)^{1/2}}$$

이 몇 개의 방정식의 결과는 우선 모든 사건의 새 좌표를 얻기 위해서 두 개의 구 좌표가 모두 필요하다는 것이다. t와 x는 변환에서 서로 뒤섞이기 때문에 알프레드의 관점에서 사건의 시공간 좌표 둘 다 알지 못하고

서는 브라이언의 관점에서 사건의 시간 좌표가 무엇인지 알 수 없고 그 역도 성립한다. 두 번째로 방정식 (6)에서 이 변환의 불변량이 하나 있다는 것을 알 수 있다. 두 좌표의 제곱을 더하는 것 대신에 빼는 것으로 이것은 2차원에서 가졌던 불변량과 매우 유사한 불변량이다. 따라서 알프레드와 브라이언의 관점에서 이러한 사건이 전개되는 한 우리가 평면을 2차원이라고 하기 위해 만든 모든 이야기들을 이제 적용할 수 있다. 사건의 위치를 정하기 위해 두 개의 수 t와 x가 필요하다. 알프레드의 관점에서 브라이언의 관점으로 변환할 때 이 수들은 뒤섞이며 이 둘을 연결하는 불변량이 하나 존재한다. 따라서 알프레드와 브라이언의 이 공간을 2차원 공간이라고 부르고 여기에서 시간은 차원 중의 하나이다.

남아 있는 공간 좌표 y, z와 y′, z′을 고려하기 위하여 알프레드는 t_0, x_0로 브라이언은 t_0', x_0'으로 기술한 사건에서 발사되는 광선을 고려해 보자. 빛은 단위 속력으로 움직이기 때문에 알프레드는 섬광의 여행을 다음과 같이 기술한다.

(9) $$(t-t_0)^2-[(x-x_0)^2+y^2+z^2]=0$$

꺾은 괄호는 광원으로부터 거리의 제곱이다. 마찬가지로 브라이언의 관점에서는 다음과 같이 기술된다.

(10) $$(t'-t_0')^2-[(x'-x_0')^2+(y')^2+(z')^2]=0$$

그러나

$$
\begin{aligned}
(11)\qquad & (t-t_0)^2-(x-x_0)^2 \\
& =[(t-x)-(t_0-x_0)][(t+x)-(t_0+x_0)] \\
& =\frac{1}{k}[(t'-x')-(t_0'-t_0')]\times k[(t'+x')-(t_0'+x_0')] \\
& =(t'-t_0')^2-(x'-x_0')^2
\end{aligned}
$$

따라서 식 (9)와 (10)에 의해

$$(12)\qquad y^2+z^2=(y')^2+(z')^2$$

이다.

임의의 사건도 그러한 빛이기 때문에 식 (12)는 일반적으로 성립한다. y와 z방향은 운동 방향에 대해 대칭적으로 위치하므로 마지막 두 로렌츠 방정식으로부터

$$(13)\qquad y=y', \qquad z=z'$$

을 얻는다.

4차원

방정식 (6)과 (13)을 결합하면 3개의 공간 좌표 x, y, z는 회전으로 뒤섞일 수 있다고 생각된다. 네 번째 좌표 t는 알프레드에게서 브라이언으로 가는 속도를 통해 다른 좌표들과 섞일 수 있다.

만약 우리가 두 개의 과정 즉 회전과 속도를 함께 고려한다면 하나의 사건을 지정하기 위해 4개의 좌표가 필요하다는 의미에서 4차원 t, x, y, z 공간에 도달한다. 즉 언제 어디서 사건이 발생했느냐이다. 회전을 통해 혹은 앞의 계에 대해 상대 속도를 가짐으로써 좌표를 변환했을 때 이 좌표들은 섞이게 된다. 그리고 마지막으로 하나의 불변량이 존재한다. 즉, $t^2-x^2-y^2-z^2$이다.

사람들은 가끔 이 '4차원'의 사용에 당황하거나 두려워하면서 물리학자나 수학자들은 어떤 신비한 방법으로 4차원을 상상할 수 있다고 생각했다. 진리보다 더 심오한 것은 있을 수 없다. 4차원이 의미하는 것은 시간과 공간 좌표 이 4개의 양이 방금 기술한 조건들을 만족해서 보통의 공간 차원에서 취급하는 것처럼 차원으로 취급할 수 있다는 것뿐이다. 물론 처음에는 이전 시간을 불변량으로 생각했는데 이제 불변량이 아니라는 것이 증명되어서 혼란스러웠다. 그러나 시간을 다른 좌표들과 섞이지 않는 양이라고 생각했던 유일한 이유는 그렇게 높은 속도가 고려되지 않았었기 때문이다. 속도가 매우 작은 경우 로렌츠 변환에서 시간은 변하지 않는다. 그러나 큰 속도에서는 시간이 변하지 않은 채로 남아 있지는 않는다.

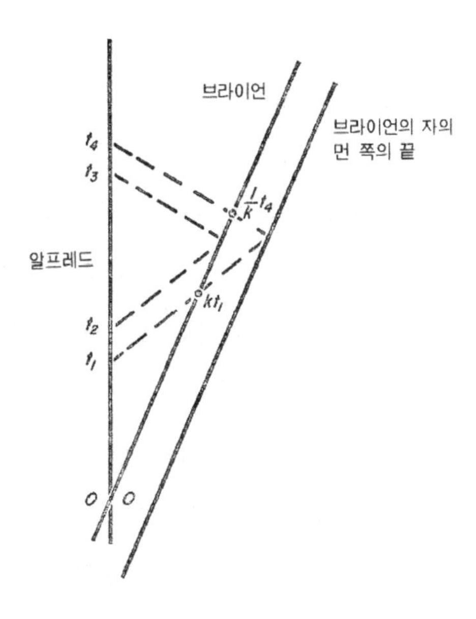

그림 24. 피츠제럴드 수축

로렌츠 변환의 응용

이제 로렌츠 변환의 많은 결론을 내릴 수 있다.—사실 이론적 상대성 이론의 응용의 전체 주제는 단순히 로렌츠 변환의 응용이다.

우선, '동시성의 상대성'이다. 이는 로렌츠 변환에서 금방 알아차리게 된다. 만약 알프레드가 두 개의 멀리 떨어진 사건을 동시라고 간주할 때 브라이언은 그렇지 않을 것이라는 것을 로렌츠 변환에서 바로 알게 된다.

왜냐하면 만약 이러한 사건들이 멀리 떨어져 있으면 비록 알프레드가 이 사건들을 시간은 같은 좌표 t로 지정했더라도 위치는 다른 좌표 x를 줄 것이다. 그러면 방정식 (8)에 의해 브라이언은 다른 시간 좌표 t를 줄 것이다. 한 관성 관찰자가 공간적으로 떨어진 점에서 동시에 일어났다고 간주하는 것은 다른 관찰자에게는 동시라고 간주되지 않을 것이다. 이것은 또다시 시간의 사적인 성질의 한 예가 되고 계산으로 이것을 다르게 유도하는 것을 다음 장들에서 보여줄 것이다.

'피츠제럴드 수축'은 브라이언의 운동 방향을 따라서 브라이언이 가지고 있는 자의 길이가 알프레드의 좌표로는 브라이언의 좌표계에서보다 더 짧다는 사실에 붙여진 이름이다. 로렌츠 변환에서 이것은 즉시 명백해진다. 브라이언의 계에서 자의 양단에 좌표 $x'=0$와 $x'=L$를 주자. 방정식 (8)에 의하면 이것은 알프레드의 좌표로 각각 다음과 같다는 것을 의미한다.

$$x=vt,\ x=vt\ +L(1-v^2)^{1/2}$$

'알프레드의 같은 시간 t'에 자의 양단을 고려하면 알프레드는 자의 길이가 $L(1-v^2)^{1/2}$이라고 기술한다. 우리는 이 결과를 k계산에서도 확립할 수 있다. 알프레드가 자의 끝의 먼 부분을 측정하기 위해 시간 t_1에 펄스를 발사해서 반사되는 이 펄스를 t_4에 받는다(그림 24). 또, 브라이언을(즉 자의 가까운 끝) 측정하기 위해 시간에 펄스를 발사해서 반사되는 이 펄스를 시간 t_3에 받는다. 알프레드는 '하나의 같은 시간에 그 자신의 측정에 의한' 자

양단의 길이 차이에 관심이 있으므로 이 신호들을 정리해야 한다. 그래서,

(14) $$\frac{1}{2}(t_1+t_4)=\frac{1}{2}(t_2+t_3)$$

또, 앞에서 논했듯이

(15) $$t_3=k^2t_2$$

게다가 t_1에 발사된 펄스는 kt_1에 브라이언을 통과하고 t_4에 수신되는 펄스는 t_4/k에 브라이언을 통과한다. 이제 브라이언이 자의 길이를 L이라고 측정한다. 따라서 펄스를 반사하고 되돌아오는 것을 수신하는 시간차는 2L임이 틀림없다. 따라서

(16) $$\frac{t_4}{k}-kt_1=2L$$

알프레드의 계에서 보면 자 끝의 먼 부분은 거리가 $1/2(t_4-t_1)$, 가까운 끝은 $1/2(t_3-t_2)$이어서 알프레드는 자의 길이를 다음과 같이 측정한다.

(17) $$\frac{1}{2}[(t_4-t_1)-(t_3-t_2)]$$

식 (14), (15), (16)을 사용하면 식(17)은

$$(18) \qquad \frac{2k}{k^2+1}L$$

이 되는데, 식(2)에 의해 이것은

$$(19) \qquad L(1-v^2)^{1/2}$$

과 같다.

이 논의의 요점은 알프레드가 '동시에' 측정해서 자의 양단의 거리를 비교한다는 데 있다는 것이라는 걸 주목해야 할 것이다. 알프레드가 '보는' 것은 전혀 다른 것이다. 만약 알프레드가 스냅사진을 찍으면 빛이 움직이는 시간 때문에 자의 끝의 가까운 부분보다 먼 부분을 먼저 보게 될 것이다(그림 25). 만약 두 응답이 같은 시간 t_3에 도착하려면, 레이더 신호는 다른 시간 t_1, t_2에 발사되어서 브라이언에게 각각 kt_1, kt_2에 도착하도록 만들어져야 한다. 그러면 $k(t_2-t_1)=2L$(브라이언의 측정)이고, 알프레드는 자의 길이가 다음과 같다는 것을 알게 된다.

$$(20) \qquad \frac{1}{2}(t_3-t_1)-\frac{1}{2}(t_3-t_2)=\frac{1}{2}(t_2-t_1)=\frac{L}{k}=L\left(\frac{1-v}{1+v}\right)^{1/2}$$

식 (19)와 매우 다른 결과를 얻었다.

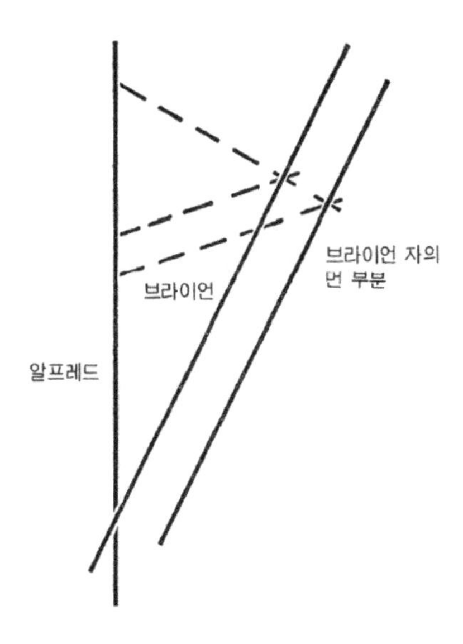

그림 25. 브라이언 자를 보는 경우

식 (20)의 중요성을 알아보기 위하여, 알프레드에 관해 상대적으로 정지한 다른 자를 지나가는, 양단에 빛이 있는 브라이언의 자를 상상해 보자. 그러면 브라이언은 한 곳에서 또 같은 시간에 빛나는 알프레드 자의 양단이 식 (20)만큼 다른 것을 볼 것이다. 자의 끝의 먼 부분에서 빛이 가는 시간이 추가되었을 경우에만 그는 보다 더 정교한 결과 (19)를 얻을 수 있다.

광행차

전처럼 x축상에 위치한 알프레드와 브라이언을 다시 생각해 보자. 광선은 알프레드에게 접근해서 브라이언이 알프레드를 통과하는 바로 그 순간에 알프레드에게 도착한다. 알프레드는 광선이 온 방향을 측정해서 그의 x축과 광선 방향 사이의 각 θ를 알 수 있다. 브라이언 역시 알프레드를 통과하고 있기 때문에 동시에 같은 빛을 수신한다. 광선 방향과 x축—물론 알프레드와 같은 방향이다—사이의 각 θ'을 브라이언은 얼마로 측정하는가?

알프레드와 브라이언이 만났을 때 시계를 각각 0으로 맞추고 광선의 방향이 $z=z'=0$이 되도록 y축과 z축을 회전한다고 가정하자(브라이언의 좌표는 프라임이 붙은 것이다). 이 경우, 광선이 접근하는 동안 시간 t와 t′는 음수이고 빛은 알프레드와 브라이언 두 사람 모두에게 상대 속력 1로 움직인다는 것을 기억하면 다음 식들을 얻는다.

(21) $x=(-t)\cos\theta,\ x'=(-t')\cos\theta'$

(22) $y=(-t)\sin\theta,\ y'=(-t')\sin\theta'$

식 (21)에 로렌츠 공식 (8)을 대입하고 나누면 다음 식을 얻는다.

$$\cos\theta' = \frac{v+\cos\theta}{1+v\cos\theta}$$

식 (22)에 식 (8)과 (13)을 대입해도 동등한 식을 얻을 수 있다. 우선 θ =0°이면 $\cos\theta$=1, $\cos\theta'$=1, θ'=0°, 반면에 θ=180°이면 $\cos\theta$=-1, $\cos\theta'$ =-1, θ'=180°라는 것을 알 수 있다. 그러나 이 두 각 사이의 모든 중간값에 대해서는 실제로 큰 차이가 있다. 다음 표는 이전에 고려한 k=3에 해당하는 v=0.8의 경우에 θ와 θ' 사이의 관계를 예로 보여준다.

$\theta \to 0°$	30°	60°	90°	120°	150°	180°
$\theta' \to 0°$	10°12′	21°47′	36°52′	60°	102°25′	180°

θ=0°와 θ=120° 사이의 모든 영역은 알프레드에게 전체 하늘의 3/4인데 브라이언의 관점에서는 θ'=0°와 θ'=60°의 영역으로 즉, 하늘의 1/4로 축소된다는 데 특히 주목하자.

이 모든 것의 결론은, 브라이언이 자신이 가고 있는 방향을 볼 때 알프레드가 보는 것보다 훨씬 축소된 세상을 본다는 것이다.

만약, 브라이언이 알프레드에 대해 매우 빨리 움직이고 있다면, 브라이언이 보기에 알프레드에 대해 브라이언이 움직이고 있는 방향 주위의 하늘의 좁은 영역은 알프레드의 관점에서는 하늘의 대부분이다. 그리고 브라이언의 하늘의 나머지 영역은 알프레드에게는 브라이언이 알프레드에 대해 움직이는 그 반대 방향의 좁은 영역이다. 이것은 매우 큰 시각의 차이이다. 이러한 소위 광행차는 역사적으로 매우 중요하다. 만약 브라이언이 관성 관찰자가 아니고 속도를 바꾼다면, 주위의 하늘이 요동하는 것을 보게 될 것이다—별의 방향이 시간이 변함에 따라 서로 각이 달라지는 것을 보게 될 것이다. 지구는 태양 주위를 돌기 때문에 관성 관찰자가 아니다. 어느 순간 궤도를 따라 한 방향으로 초속 30킬로미터—광속의 10,000분의 1—로 진행한다. 6개월 후에는 그 반대 방향으로 움직인다. 따라서 한 해의 다른 시간에 다른 별까지 연결한 직선들은 서로 각이 차이가 있다. 이 차이는 실제로 1725년 제임스 브래들리가 발견했고 그는 즉시 이것을 '광행차'라 불렀다.

광행차에 대한 초기 설명의 아이디어는 만약 빛이 망원경을 통해 총알처럼 움직이고 항상 같은 방향에서 온다면, 망원경을 움직임에 따라 앞뒤로 다르게 정렬된 그림자를 보여주어야 할 것이다. 이것은 실제로 상대론적인 대답과 별 차이가 없는 매우 좋은 답인데 기본적으로는 잘못된 설명이다. 이전의 설명에 의하면, 망원경에 물을 가득 채운 경우 망원경 안에서 광속은 달라진다. 망원경의 이쪽 끝에서 저쪽 끝까지 빛이 가는 데 시간이 더 걸리므로 광행차는 더 커질 것이고, 빛이 망원경을 지나는 동안 망원경의 길이가 더 길어져야 할 것이다. 간접적인 실험을 통해서만 알 수 있지만 실제로는 그렇지 않다. 로렌츠 공식으로 이제 우리가 유도한 상대론적 대답은 관측 결과와 매우 잘 맞는다. 또 광행차는 빛이 실제로 오는 방향을 기술하기 때문에 망원경을 물로 채운다고 해도 전혀 변화가 없다는 것도 예측한다.

브래들리의 발견이 역사적으로 중요한 것은 지구가 태양 주위를 돈다는 코페르니쿠스의 아이디어를 처음으로 직접적으로 증명해 주었기 때문이다. 물론 관측된 것은 관측 불가능한 지구의 속도가 아니고 속도가 '바뀐다'는 것이다. 즉, 연중 다른 시간에 별이 다른 장소에 위치한 광행차를 관측했다. 코페르니쿠스의 지동설은 이 증거로 아무 의심 없이 확립되었다.

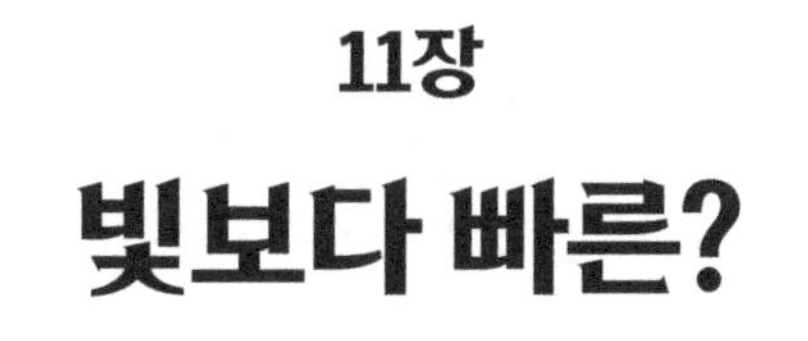

11장
빛보다 빠른?

광속보다 작은 속도를 아무리 여러 번 더하더라도 광속을 초과하기는 고사하고 결코 같아질 수도 없다는 것을 살펴보았다. 따라서 그것은 하나의 장벽이다. 실제로 우리가 알고 있는 모든 종류의 물체들은 빛보다 느리게 움직이는 물체들이다. 이 장벽을 알아낸 우리는 장벽의 다른 한편에 무엇이 존재하고 어떻게 보이는지 추측할 수 있다. 앞으로 등장할 매우 이상한 물질에 대해 '입자'라는 친숙한 단어를 사용할 수 있다면, 빛보다 빨리 움직이는 '입자'들의 성질은 무엇인가?

원인과 결과

알프레드와 브라이언을 다시 생각해 보자. 두 사람은 정오 12시에 시계를 맞추고 나서 알프레드가 측정한 시간 간격이 브라이언이 측정한 시간 간격의 3/2이 되는 그러한 등속도로 멀어지고 있다. 우리는 이 경우에 대해 앞의 여러 장에서 다루었는데 지금은 한 걸음 더 나아가 계산하려고 한다.

빛보다 빠른 가상 물질이 알프레드의 시계로 오후 12:40에 알프레드를 지나 브라이언의 방향으로 움직인다고 가정하자(그림 26). 알프레드가

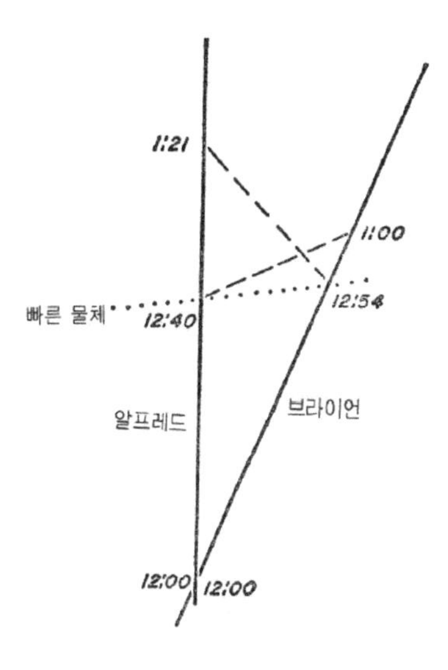

그림 26. 알프레드와 브라이언은 빛보다 빨리 움직이는 물체를 본다

오후 12:40에 발사한 빛은 비 3:2가 브라이언의 속도를 정하기 때문에 브라이언의 시계로 오후 1:00에 브라이언에게 도착한다.

이 물체는 빛보다 빨리 움직인다고 가정했으므로, 브라이언의 시계가 오후 1:00가 되기 전에 브라이언에게 도착해야 한다. 가령, 정확한 시간을 오후 12:54이라고 하자. 알프레드는 브라이언의 시계가 오후 12:54을 가리키는 것을 자신의 시계로는 54분의 3/2배, 즉 오후 1:21에 본다. 즉 알프레드는 이 물체는 오후 12:40에 보고 나서 브라이언이 이 물체를 보는 것은 그 후인 오후 1:21이라는 것을 알게 된다. 한편, 브라이언은 자신의 시계로 12:54에 이 물체를 보고 알프레드가 나중인 오후 1:00에 보는 것을 알게 된다. 그러므로 알프레드의 관점에서는 이 물체가 자신을 먼저 지나가고 그다음에 브라이언을 지나간다. 반면에, 브라이언의 관점에서는 브라이언을 먼저 지나가고 나중에 알프레드를 지나간다. 이 물체에 어떤 변화가 일어나는지를 상상해 보자. 만약, 이 물체가 알프레드와 만나고 또 브라이언과 만나는 그 사이에 나이를 먹는다면 알프레드는 보통의 물체와 마찬가지로 나이 순서대로 볼 것이다. 반면에 브라이언은 점점 더 젊어지는 것을 관측하게 될 것이다. 그렇다면 이 물체는 도대체 어떻게 살아갈까? 시간은 도대체 어떻게 흐를까? 시간의 의미가 보는 이에 따라 다르게 나타나기 때문에 이 물체는 분명 매우 특별한 무엇인가가 있을 것이다. 이것은 한 사건이 다른 사건의 원인이 되는 인과율에 대한 모든 개념들을 분명 혼란시킬 것이다. 이 물체가 알프레드를 통과할 때 어떤 일이 일어나서 그것이 브라이언을 통과할 때 또 다른 일을 발생시키는 원인이 되었다면 알프레드는 우리가 보는 것처럼 결과에 선행하는 원인을 보게 될 것이다. 그러나 브라이언은 원인에 앞선 결과를 보게 될 것이다. 따라서 브라이언의 관점에서 이 물체는 마치 '유리의 성'에 있는 것을 보는 것 같다. 여기에서는 케이크가 먼저 사람들에게 나누어지고 나중에 잘린다. 또 기억해야 할 것은 반드시 체벌이 잘못보다 앞선다는 것이다.

물론 그토록 어색한 일이 일어나는 것을 제외할 수는 없다. 물리학자는 항상 열린 마음으로 세상에 접근해야 한다. 그러나 그는 이제까지 빛보다 빨리 움직이는 그러한 물체가 발견되지 않았다는 것에 대해 안도의 한숨을 내쉴 것이다. 비록 그가 이 상황에 잘 대처할 수 있는 유연한 정신을 가졌다고 확신한다고 하더라도 그는 그러한 상황에 적응하기 위해 매우 많은 생각을 해야만 할 것이다. 이미 이야기한 것처럼 다행스럽게 그런 기이한 물체는 발견된 적이 없어서 원인이 결과를 앞선다는 인과율의 아이디어를 고수할 수 있다.

그러나 이러한 종류의 물체가 우리가 알고 있는 것과는 전혀 다르다는 사실을 확실히 하기 위하여 앞에서 충분히 논의했지만, 광속이 알려진 종류의 물체와 알려지지 않은 물체—또한 앞으로도 오랫동안 발견되지 않으리라고 희망하는—를 구별하는 완벽한 장벽이라는 사실은 매우 다행스러운 일이다.

공간적으로 떨어진 사건의 동시성

연관된 또 하나의 문제는 떨어진 두 사건이 동시이냐 아니냐는 것이다. 우리는 이 질문을 매우 절대적인 것으로 간주하곤 했다. 우리는 두 개의 사건이 공간적으로 멀리 떨어져 있더라도 동시에 발생하면 누가 그 사건들을 보더라도 동시라고 생각하는 경향이 있다. 그러나 빨리 움직이는 관찰자가 관련되었을 때는 그렇지 않다. 명확하게 하기 위해 우리들의 친구 알프레드와 브라이언을 다시 생각해 보자. 가령 브라이언은 알프레드에 대해 상대적으로 서쪽으로 움직이고 있는데 송신 간격과 수신 간격의 비가 역시 3/2인 그런 속도라고 하자. 알프레드의 측정으로 정오 12시에

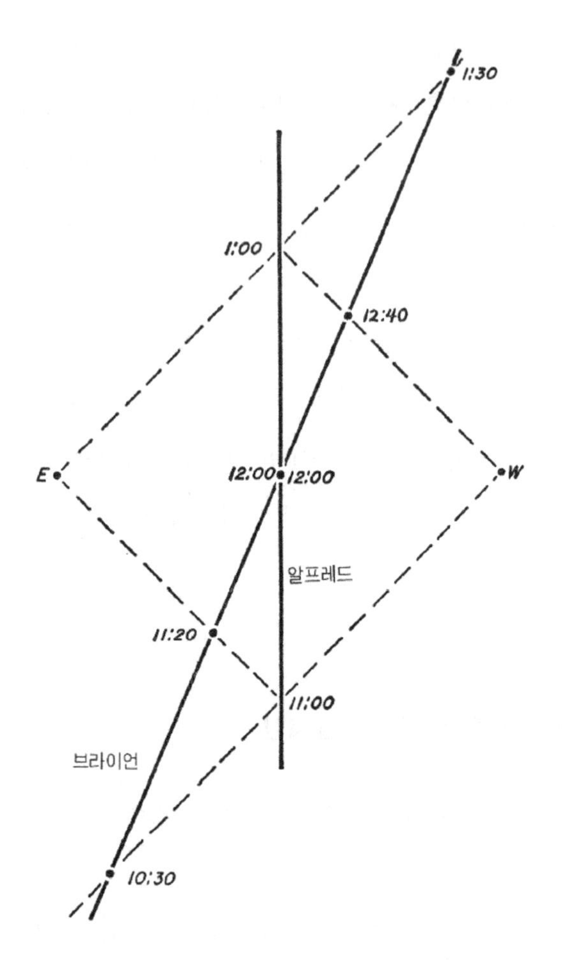

그림 27. 알프레드에게는 사건 E와 W가 동시에 발생한다; 브라이언에게는 W가 E보다 먼저 발생한다

한 사건은 동쪽에서 또 한 사건은 서쪽에서 발생하는 데 거리는 1광시간씩 떨어져 있는 두 사건을 생각해 보자(그림 27).

시간	브라이언의 관측 일정
10:30	알프레드가 11:00에 'W'에 보낼 메시지를 발사했다.
11:20	알프레드가 사건 'E'로 보내는 메시지를 수신했다.
12:00	알프레드를 지나갔다
12:40	알프레드에게 가는 사건 'W'의 반사파를 수신했다.
1:30	알프레드에게 가는 사건 'E'의 반사파를 수신했다.

추론: 'W'는 11:35에 반사파를 발사했다(10:30과 12:40의 중간).
'E'는 12:25에 반사파를 발사했다(11:20과 1:30의 중간).
따라서 브라이언의 관점에서 반사파들은 동시에 발사되지 않았다.

그림 28. 브라이언의 일정표

이 말을 분석하면 알프레드가 오전 11시에 양방향으로 레이더 펄스를 발사하고 또 이 펄스들이 1광 시간 떨어져 있으면서 동시에 일어난 이 두 사건에 의해 반사된다면 같은 시간인 오후 1:00에 둘 다 되돌아올 것이라는 것을 의미한다. 따라서 그는 정오 12시에 발생한 사건이 하나는 동쪽으로 또 하나는 서쪽으로 거리가 각각 1광 시간이라는 것을 추론할 수 있을 것이다.

이제 브라이언의 관점에서 이 사건들을 보도록 하자(그림 28). 알프레드가 둘 다 발생했다고 측정한 정오 12시에 브라이언은 막 알프레드를 지나가고 있었다. 우선, 알프레드가 동쪽 사건으로 오전 11:00에 발사한 레이더 펄스를 고려해 보자. 브라이언이 오전에 동쪽에서 알프레드에게 접근하고 있었기 때문에 이 신호는 브라이언을 통과할 것이다. 이 레이더 에너지 펄스가 브라이언을 지나갈 때 브라이언의 시간은 정오에서 한 시간의 2/3 즉, 40분 전이다. 다시 말하면 오전 11:20이다. 레이더 펄스가 동쪽 사건에서 되돌아올 때는 오후인데 이제 브라이언은 알프레드의 서쪽에서 멀어지고 있다. 따라서 알프레드의 측정으로 정오와 반사파의 도착 시간차 1시간은 브라이언에게는 3/2배 길어져서 90분이 된다. 그러므로 동쪽 사건에서 반사된 레이더 펄스는 브라이언에게 오후 1:30에 도착한다. 다시 말하면, 브라이언이 레이더 펄스를 오전 11:20에 발사했었다면 동쪽 사건을 비추고 반사되어서 오후 1:30에 브라이언에게 되돌아왔을 것이다. 그러므로 브라이언은 동쪽 사건을 시간은 발사와 수신의 절반인 12:25이고 거리는 이 시간 차이의 절반, 즉 1광 시간 5광 분이라고 기술한다.

이번에는 서쪽 사건을 고려해 보자. 서쪽 사건을 비추기 위해 브라이언은 언제 레이더 펄스를 발사해야만 했을까? 오전에 브라이언은 알프레드의 동쪽에 있어서 알프레드의 펄스와 같이 움직이기 위해서는 알프레드의 측정상 오전 11:00에 레이더 펄스가 알프레드를 통과했어야 한다. 시간 간격의 3/2배가 되는 규칙을 이번에도 역시 적용하면 브라이언은 정오의 90분 이전에, 즉 오전 10:30에 이 펄스를 발사했어야만 한다. 펄스가 되돌아왔을 때 브라이언은 알프레드의 서쪽에 있었으므로 펄스는 알프레드에게 도착하기 전에 브라이언에게 먼저 도착할 것이다.

알프레드의 측정상 시간차 60분은, 브라이언에게는 겨우 2/3가 될 것이고 따라서 레이더 펄스는 오후 12:40에 브라이언에게 도착할 것이다. 따라서 브라이언은 서쪽 사건을 시간은 오전 11:35에, 거리는 1광 시간 5광 분으로 지정할 것이다. 결국 알프레드의 측정상 동시에 발생한 두 사건은 브라이언에게 동시가 아니다. 공간적으로 떨어진 사건들 사이에 동시성은 상대적인 성질뿐 절대적인 성질은 아니다.

이제 우리는 시간 개념을 좀 더 확실히 분석할 수 있다. 일상생활에서 특별한 성질 즉, 시간의 순서가 있다는 것에 우리는 매우 익숙해져 있다. 두 사건이 발생할 때마다 어떤 것이 먼저 일어났는지 아니면 둘 다 동시에 일어났는지 말할 수 있다. 그러나 지금 우리가 확립한 것으로는 이 상황을 다소 수정해야만 한다. 멀리 떨어진 사건에 가까이 갈 때, 관찰자가 다르면 시간의 개념도 명백히 다르게 될 수 있다. 사건들이 동시라고 판단할 수도 있고, 시간의 순서가 제대로라거나 정반대라고 판단할 수도 있다. 이러한 것은 혼란스럽다. 그래서 '전'과 '후'라는 아이디어 자체가 무의미한 것인지 질문하게 된다. 다행스럽게도 그 대답은 '아니오'이다.

내가 오늘 한 가지 일을 하고 내일은 다른 일을 한다고 가 정하자. 또 다른 관찰자들이 이 일을 하는 것을 본다고 하자. 어떠한 빛도 빛을 따라잡을 수가 없기 때문에 내가 먼저 한 행동에서 발사된 광선은 모든 관찰자에게 나중의 행동에서 발사된 빛보다 먼저 수신될 것이다. 따라서 내가 관여하는 한 모든 관찰자들은 두 행동의 순서를 내가 행한 것과 같은 순서로 판단할 것이다. 어떤 사건들에 대해서는 분명히 '전'과 '후'라는 아이디어가 보편적으로 성립하고, 순서는 상대적인 것이 아니라 절대적이다. 반면에 다른 어떤 것은 우리가 좀전의 예에서 본 것처럼 이 경우에 속하지 않는다. 어떤 사건의 쌍들은 모든 관찰자들이 둘 중에 어떤 것이 먼저 발생했는지에 대해 모두 동의한다는 의미로 절대적인 사건의 순서가 있다. 그러나 다른 어떤 사건의 쌍들은 어떤 것이 먼저이고 어떤 것이 후에 발생한 것인지에 대해 관찰자에 따라 다른 관점을 가진다. 이 두 개의 부류 사이에 놓여있는 경계가 어디인가? 분명 공간적으로 떨어진 사건이 연관된 질문이다. 우리가 동시성의 상대성을 확립한 예에서 고려한 사건들은 공간적으로 멀리 떨어져 있었다. 모든 사람이 같은 순서로 발생했다고 동의한 사건들은 둘 다 내게서 발생했다.

과거와 미래: 절대와 상대

두 관찰자 알프레드와 에드거를 다시 고려해 보자. 이 보기에서의 중요한 시간에 그들이 함께 있지 않다는 것 외에 그들의 실제적인 운동과 위치에 대해서는 전혀 이야기하지 않기로 하자. 알프레드가 섬광을 발사한 그 순간에 알프레드에게 무슨 일이 생겼다. 이 섬광은 에드거의 시계로 가령 정오에 에드거에게 도착된다. 한 시간 후 에드거는 앉아서 편지를 쓴다. 이 예에는 모두 3개의 사건이 있다. 알프레드의 섬광 발사, 다음은 에드거의 섬광 수신, 그리고 세 번째로 에드거가 앉아서 편지를 쓰는 것. 에드거가 수신과 편지 쓰기 둘 다 했기 때문에, 우리가 이미 말한 것처럼 에드거가 알프레드로부터 섬광을 수신하기 전에 편지 쓰기를 시작하지 않았다는 데 모두 동의할 것이라는 결론이 나온다. 게다가 다른 모든 관찰자들도 섬광이 알프레드에게서 에드거에게로 이동했다는 것에 동의했을 것이다. 관찰자의 운동 상태에 상관없이 모든 관찰자들은 적어도 에드거가 빛을 수신하기 이전에 알프레드가 빛을 발사했다는 것에 동의할 것이다. 따라서 세 사건은 엄격하게 순서가 정해진다. 모든 관찰자가 비록 움직이고 있다 하더라도 알프레드가 섬광을 발사한 순간보다 더 나중에 에드거가 편지를 쓰기 시작했다는 것에 동의하는 데에는 아무런 의심의 여지가 없다. 따라서 편지 쓰기가 섬광 발사보다 절대적으로 나중이라고 간주할 수 있다.

좀 더 자세히 생각해 보자. 오직 빛만이 광속으로 움직이므로 빛만이 유일하게 알프레드의 섬광 발사에서 에드거의 섬광 수신까지 같이 갈 수 있다. 그러나 이 제한은 에드거의 두 번째 사건인 앉아서 편지 쓰기에는 성립하지 않는다. 에드거의 알프레드에 대한 상대 속도가 아무리 크더라도 9장에서 보았듯이 광속 미만일 것이다. 알프레드의 사건에서 나온 빛은 에드거가 앉아서 편지 쓰기 1시간 전에 에드거에게 도착하는 반면에 이론적으로는 알프레드가 신호를 발사했을 때 만약 탄환을 함께 발사했다면 (물론 가상적인 탄환이다) 쓰기 시작하는 순간까지 에드거에게 도착하지 않았을 것이다. 탄환이 매우 빠른 속력으로 간다 해도 이론적으로 '가능한' 속력은 광속 미만이다. 따라서 알프레드의 섬광이 에드거에게 도착한 이후 에드거가 관련하는 어떠한 사건도 알프레드의 섬광 발사보다 절대적으로 나중이고, 알프레드에게서 에드거까지 광속보다 낮은 속력으로 움직이는 한 입자가 도착할 수 있었을 것이라고 말할 수 있다.

이제 에드거의 과거를 생각해 보자. 만약 과거의 어느 한 지점에서 에드거가 섬광을 발사했었다면 어느 순간 알프레드에게 도착했을 것이다. 우리가 얘기했던 알프레드가 섬광을 발사한 그 순간에 알프레드에게 섬광이 도착했다고 가정하자. 그러면 모든 관성 관찰자는 섬광이 에드거로부터 알프레드에게 이동하고 있는 섬광을 볼 수 있기 때문에 관성 관찰자 모두는 알프레드가 섬광을 수신하기 이전에 에드거가 이 섬광을 발사했다는 것에 동의할 것이다. 만약 에드거가 알프레드에게 섬광을 발사하기 이전에 가령 점심을 먹는다든가 하는 어떤 특별한 일을 했다면 관성 관찰자들은 자신의 운동에 상관없이 모두 다 에드거가 섬광을 발사하기 이전에 점심을 먹었다는 사실에 동의했을 것이다. 즉 알프레드가 에드거의 섬광을 수신하기 이전이고 따라서 알프레드 자신이 섬광을 발사하기 이전이다. 따라서 에드거가 섬광을 발사하기 전에 또 알프레드가 섬광을 발사하기 전에 에드거의 과거가 있었다고 말할 수 있다. 또 이 기간 동안 일어난 모든 사건은 알프레드의 섬광 발사보다 절대적으로 먼저이다라고 말할 수 있다.

따라서 우리는 에드거의 생애에서 알프레드의 섬광 발사와 관련되어

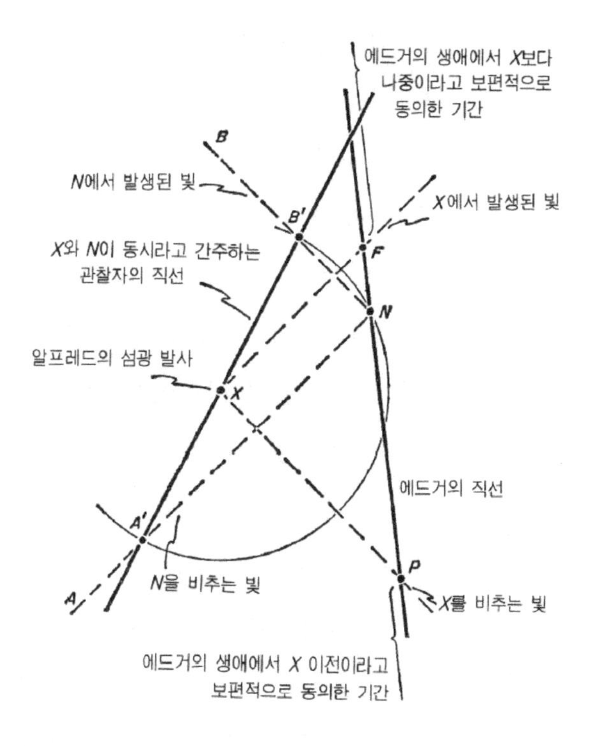

그림 29. 기에서 알프레드의 직선상에 있는 사건 X만이 연관이 있기 때문에 알프레드의 직선은 그리지 않는다

뽑아낸 두 순간을 알 수 있게 되었다. 간단히 하기 위해 알프레드의 섬광 발사를 사건 X라고 부를 것이다. 에드거가 X를 비추기 위해 전등의 스위치를 눌러야 하는 순간 P가 있고, 에드거가 표에서 발사된 빛을 받는 순간 F가 있다. 우리가 보았듯이, P 이전의 에드거의 전 생애는 모든 관성 관찰

자에게 X보다 '먼저'라고 간주될 것이다. F 후의 에드거의 전 생애는 모든 관성 관찰자에게 X보다 '나중'이라고 간주될 것이다. 에드거의 경험에서 P는 분명히 F에 선행하지만 P와 F 사이의 에드거의 한 사건이 N이 X보다 먼저인지 또는 나중인지에 대해서는 의아해한다. 절대적이고 보편적으로 결정하는 방법은 실제로는 없다. 에드거의 생애에서 P보다 나중이고 F보다 먼저인 한 사건 N을 고려하면 어떤 관성 관찰자는 N이 X '이전'에 발생했다고 여기고 다른 사람들은 X '이후'에 발생했다고 여기며 또 다른 사람들은 X와 N이 동시에 발생했다고 여길 것이다. 따라서 X와 연관해서 '절대 과거'의 끝인 P와 '절대 미래'의 시작인 F 사이의 연속된 순간들은 '상대 과거와 미래'라고 부른다.

우리의 시공간 도표 안에 X와 사건 N을 동시라고 간주하는 한 관성 관찰자를 그려 넣는 것은 어렵지 않다(1차원 공간만이 필요하다!). 어떤 관성 관찰자의 관점에서 사건 X와 에드거를 나타내는 직선을 먼저 그린다(그림 29). 다음에 연직 방향에 대해 각각 45도 각으로 X를 비추는 광선과 표에서 발사되는 광선을 두 점선으로 그린다. 이 두 점선은 에드거의 직선과 P와 F에서 각각 만난다. 에드거의 직선 P와 F 사이에 어떤 사건 N을 선택하자. 이제 우리는 N과 X를 동시에 발생했다고 여기며 X를 지나가는 관성 관찰자의 직선을 그릴 수 있다. 우선 N을 비추는 광선 AN과 N에서 발사되는 광선 NB를 그린다. 그러고 나서 X를 중심으로 N을 통과하는 원을 그린다. 이 원이 AN, NB와 A′, B′에서 각각 만난다. 각 N이 직각이기 때문에 세 점 A′, X, B′은 일직선상에 있고 이 직선은 광선을 나타내는 점선보다 기울기가 반드시 커야 한다. 따라서 X를 지나는 A′B′은 한 관성 관찰자를 나타낸다. 만약 이 관찰자가 N을 비추고자 한다면 A′에서 전등의 버튼을 눌러야 하고 B′에서 응답 섬광을 수신하게 될 것이다.

따라서 그는 N을 A′과 B′의 절반—즉, X가 발생한 시간—에 발생했다고 여길 것이다. 그러므로 그는 N과 X가 동시였다고 알게 된다. 사건 N이 사건 X(알프레드의 섬광 발사)보다 먼저 발생했다고 여기는 다른 관성 관찰자들과 그 반대의 순서라고 생각하는 또 다른 관찰자들까지 확실히 알 수 있다. 표와 연관해서 에드거의 생애는 세 부분으로 나누어진다고 말할 수 있다. 첫 번째 부분은 에드거가 X를 비추기 위해 섬광을 발사해야 하는 순간인 P 이전으로 절대 과거이다. 모든 사람은 이 절대 과거에서 에드거와 관련된 어떤 사건도 X 이전에 발생했다는 데 동의할 것이다. 두 번째 부분은 에드거의 절대 과거의 끝인 P와 알프레드로부터 에드거가 빛을 수신하는 F 사이이다. 이 기간은 알프레드의 섬광과 관련지어 시간의 절대적인 순서를 정할 수 없다. 에드거의 생애에서 이 기간 안에 일어난 임의의 사건에 대해 어떤 사람들은 알프레드가 신호를 발사하기 전에 일어났다고 말하고, 또 어떤 사람들은 발사 이후에 일어났다고 하고 또 다른 사람들은 동시라고 말할 것이다. 따라서 이 기간 전체는 상대 과거와 미래라고 불릴 것이다. 왜냐하면 어떤 관찰자들에게는 알프레드의 사건 X 이전일 것이고 다른 사람들에게는 알프레드의 사건 이후에 일어날 것이기 때문이다. 에드거의 생애의 세 번째 기간은 알프레드로부터 섬광을 수신하는 F 이후이다. 모든 관찰자는 이 기간 동안 에드거가 무엇을 하든

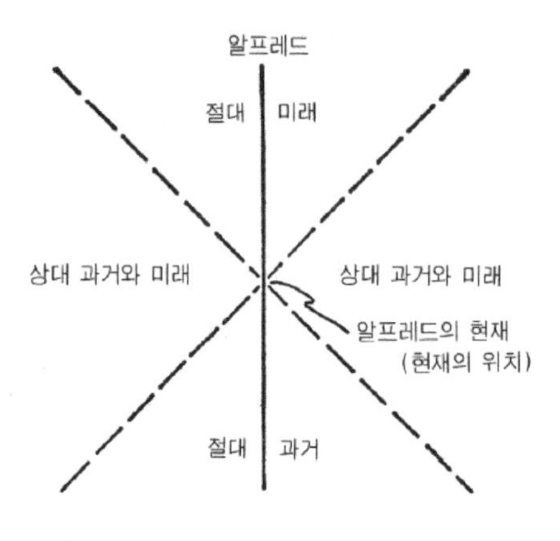

그림 30. 2차원에서 광추

지 알프레드의 섬광 발사 이후에 일어났다고 동의할 것이므로, 이 기간은 에드거의 절대 미래로 불릴 것이다. 이제 우리는 에드거 이외에 X의 오른쪽에 있는 다른 관찰자들을 고려해 보자. 에드거의 경우처럼 그러한 각 관찰의 세계선은 알프레드의 사건 표와 연관되었을 때 절대 과거의 끝인 순간 P 표시와 절대 미래의 시작을 나타내는 순간 F 표시를 포함할 것이다. 그러한 모든 관찰자에게 X를 비추는 섬광이 자신을 통과할 때 P가 되고, 또 X에서 발사된 빛이 자신에게 도착할 때 F가 된다.

따라서 이 두 섬광은 세 영역(절대 과거, 상대 과거와 미래, 절대 미래)의 경계이다. 알프레드의 사건 X의 오른쪽에 있는 관찰자들과 관련해서 고려한 것은 모두 X의 왼쪽에 있는 관찰자들에게도 자연스럽게 성립한다. 따라서(그림 30) 알프레드가 발사한 광선은 발사 순간 알프레드를 비추는 광선과 함께 전 시공간을 세 부분으로 나눈다. 절대 과거, 절대 미래, 그리고 이들 사이인 상대 과거와 미래이다.

광추

앞의 모든 그림처럼 〈그림 30〉에서 우리는 오직 1차원 공간만을 사용하고 종이의 두 번째 차원은 시간을 나타내는 데 사용했다. 2차원 공간을 사용하기 위해 노력해 보자. 3차원(공간 2차원과 시간 1차원)을 나타내기 위해 종이 위에 투시도(그림 31)를 그린다.

알프레드의 사건에서 발사된 광선은 이제 알프레드가 정점인 원추를 형성한다. 마찬가지로 알프레드의 사건이 발생한 그 순간에 알프레드에게 도착할 모든 광선 역시 알프레드가 정점인 또 다른 원추를 형성할 것이다—두 원추의 발생자들은 동일하고 공통의 정점에서 모두 만난다.

수학자들은 그러한 이중 원추를 항상 그저 원추라고만 한다. 그러나 이 특별한 원추는 빛의 이동을 나타내기 때문에 광추 (light cone)라고 한다. 이제 우리는 〈그림 30〉에 나타나지 않은 것을 명확히 알 수 있다. 즉 절대 과거는 절반인 아래 광추의 '내부'이고 절대 미래는 절반인 위의 광추의 '내부'이다. 또 상대 과거와 미래는 광추의 '외부'이다.

만약 3차원 공간을 그림으로 나타내고 싶다면 투시도의 어떤 기교를

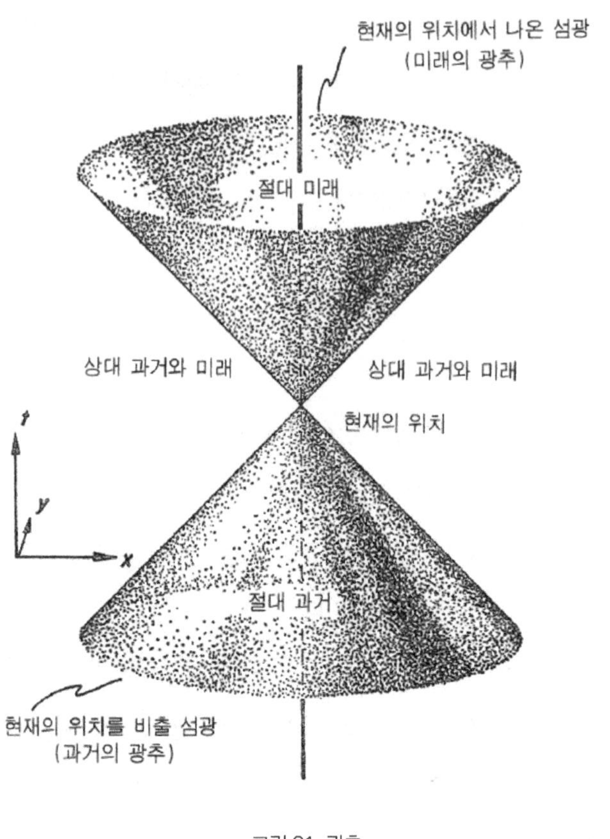

그림 31. 광추

쓰더라도 상상할 수도, 그릴 수도 없는 4차원이 필요할 것이다. 이제 수학적 용어를 사용하면(피타고라스 정리를 심화 응용하면) 시공간 좌표의 원점이 광추의 정점인 광추의 방정식은

$$t^2 - x^2 - y^2 - z^2 = 0$$

이 된다. 이 하나의 방정식이 과거 광추—알프레드가 전등의 버튼을 누르는 순간을 비추는 모든 광선—와 알프레드의 빛에서 발사된 모든 광선으로 구성된 미래 광추 둘 다 나타낸다. 비록 아무런 직접적인 기하학적 중요성이 없더라도 여전히 이 방정식으로 정의된 면을 광추라고 하는데 과거와 미래 두 개의 절반이 있다. 앞에서와 마찬가지로 과거 광추의 내부를 절대 과거, 미래 광추의 내부를 절대 미래라 하고, 광추의 외부는 상대 과거와 미래라고 하는데 원점에 대해 상대적으로 절대적인 의미의 순서를 정할 수는 없다. 인과의 개념으로 돌아와 보자. 원인이 되는 일이 있다는 것과 원인이 결과에 선행해야 한다는 아이디어를 받아들이면, 결과의 모든 원인은 결과의 과거 광추의 내부나 표면에 존재해야 한다는 결론이 나온다. 마찬가지로, 현재의 위치에서 발생한 것에 의해서 야기된 그 어떤 결과도 미래 광추의 내부나 표면에 존재해야 하는 것을 받아들여야 한다. 만약 그렇지 않으면, 현재의 위치로부터 광추의 외부에 인과가 연결되어 있다면 적당히 움직이는 관찰자가 상황을 관찰하면 순서가 뒤바뀔 수 있다. 따라서 인과의 개념과 연결해서 이미 본 것처럼 빛보다 더 빨리 움직여서 효과를 주는 것은 아무것도 존재하지 않고, 관측의 문제로는 빛보다 빨리 움직이는 물체는 존재하지 않는다는 결론에 도달한다.

그러나 빛보다 더 빠른 것은 아무것도 생기지 않는다고 말하는 것은 잘못이다. 만약 인과를 서로 연결하는 것이 전혀 존재하지 않고 연관된 물체가 아무것도 없다면, 빛보다 더 빨리 움직이는 어떤 것이 있다는 것은 당연하고 이것은 쉽게 볼 수 있다. 두 개의 긴 곧은 자가 있다고 하자. 한 개가 매우 작은 각도 만큼 엇갈려서 또 다른 한 개 위에 겹쳐져 있다. 이 경우 만약 우리가 둘 중 하나의 자에 대해 90도의 각도로 움직인다면 외관상의 교점은 자를 따라 움직일 것이다. 자가 움직이는 속도가 아무리 느리게 주어졌을 때라도 두 자 사이의 각이 충분히 작기만 하면 교점은 우리가 원하는 만큼 빨리 움직일 것이다. 따라서 각이 매우 작을 때 교점이 광속을 초과한 속력으로 움직일 수 있다고 상상할 수 있다. 상대성 이론에서 이것에 위배되는 것은 아무것도 없다. 여기서 빛보다 빨리 움직이는 것은 물질 입자도 아니고 효과도 아니며 다만 움직일 수도 없고, 아무것도 할 수 없는 기하학적으로 정의된 하나의 점이어서 어떤 것도 움직이지 않고 아무 일도 하지 않는다.

또 우리는 빛보다 더 빠른 속력의 예로 지구상에 장치된 아주 고성능의 탐조등을 상상할 수 있다. 이제 이 탐조등을 회전해 보자. 빔은 하늘을 스쳐 지나가서 매우 매우 멀리 떨어진 비행기나 심지어는 별까지도 비춘다. 빔의 끝부분은 우리가 탐조등의 방향을 지상에서 천천히 바꾸더라도 그 반경이 너무나 길어서 광속보다 엄청나게 빠른 속력으로 움직일 것이다. 그러나 이것 역시 물질적인 점이 아니다. 아무런 효과도 없고 행성에서 행성으로 빛보다 빨리 건너뛰고 있을 뿐이다. 이것은 단지 지금 고려한 것처럼 탐조등의 방향을 바꾸는 순간 불을 끄지 않아서 발생한 사건들이 연결되어서 생긴 사건의 연속일 뿐이다. 그러나 우리가 확립한 것은 빛보다 빨리 움직이는 물체가 존재하지 않는다는 것을 발견한 것과 빛보다 빨리 움직이는 것에 대해서는 원인과 결과를 연결시키는 것이 전혀 있을 수 없다는 것이다.

12장
가속도

앞의 여러 장에서 세 관찰자 알프레드, 브라이언과 찰스를 고려했고 브라이언과 찰스가 알프레드에 대해 속력은 같고 방향은 반대인 그런 속도로 움직이게 했다. 찰스와 알프레드의 만남은 브라이언과 알프레드의 만남보다 나중에 이루어졌다. 그러나 두 만남 사이의 시간은 브라이언과 찰스가 잰 값이 알프레드가 잰 시간보다 작은 값을 준다. 브라이언이 찰스를 지나가면서 그의 어린 아들을 찰스에게 건네주어 찰스가 아들을 다시 받았을 경우 어떤 일이 일어났는지에 대해 아주 간단하게 언급했을 뿐이다. 그러나 이 문제는 아주 정밀하게 매우 자세히 분석되어야 한다.

이제까지 이 소년에 대한 간단한 언급을 제외하고 항상 등속도로 움직이는 관찰자인 관성 관찰자만을 이야기해 왔다. 상대성 이론에서 그러한 관성계만 언급했고 모든 진술은 그러한 계와 관련되어 있다. 상대성 이론은 내부 실험으로는 한 관성 관찰자와 다른 관성 관찰자를 구별할 수 없다는 것을 제안한다. 그러나 이제 관성계가 아닌 가속 상태에 있는 계를 논의하고자 한다.

상대성 이론은 속도가 전혀 중요하지 않다는 말로 대표할 수 있는데, 이 진술은 완벽하며 모든 것을 포함한다. 한편 가속도는 중요한데 그것이 어떻게 중요한지 정확히 말하기는 쉽지 않다. 어떤 것을 중요하지 않다고 말하는 것은 순전히 기술하는 것인 데 반해, 어떤 것을 중요하다고 말하는 것은 상당히 깊은 설명이 요구되는 일이다.

일상적인 경험에서도 가속도가 중요한 것은 명백하다. 가령 속도가 빨리 증가하는 가속되는 차에 앉아 있으면 뒤로 세게 눌리는 것을 느낀다. 차가 우리에게 가속을 주어서 힘을 가하기 때문에 이렇게 느끼는 것이다. 따라서 가속도의 절대적인 중요성은 부인할 수가 없다. 가속도의 중요성은 가속도의 크기에 의존하고 가속도 크기에 따른 효과는 그러한 가속도를 받는 물체의 구성 성분에 의존한다.

가속도와 시계

이제까지 우리는 시간에 대해 많이 고려해 왔다. 이제 시간과 시계에 대한 가속도의 효과를 고려하려고 한다. 보통의 손목시계는 이야기하는 동안 제스처에 별로 영향을 받지 않는다. 시계는 팔에서 흔들리고는 있으나 가속도가 매우 작아서 시간에 영향을 끼치지 않는다—적어도 심각한 영향을 주지는 않는다. 같은 시계를 콘크리트 바닥에 떨어뜨리면 마룻바닥에 닿을 때 매우 큰 가속도를 받는다. 이 가속도 때문에 (여러분은 속력이나 방향의 변화가 가속도라는 것을 기억할 것이다) 시계는 일반적으로 깨질 것이다. 따라서 이러한 종류의 시계의 경우 한계 가속도가 있다. 제스처를 취할 때처럼 한계 가속도보다 더 작은 가속도만 있을 때는 심각한 효과는 전혀 없고 한계 가속도보다 큰 가속도를 받을 때 시계는 깨진다. 충격 방지 시계는 탁자에서 콘크리트 바닥에 떨어뜨리는 것 같은 더 높은 가속도에서 괜찮다. 그러나 가령 시계가 에펠탑 꼭대기에서 공기 저항이 전혀 문제시되지 않도록 무거운 물체에 매달려 있다 떨어졌다면 의심할 여지 없이 땅바닥에서 산산조각이 날 것이다. 따라서 충격 방지 시계의 경우에도 앞의 경우보다 높기는 하지만 유한한 한계 가속도가 역시 존재한다.

다음에는 아주 강력한 시계를 고려해 보자. 아마 우리가 쉽게 생각할 수 있는 가장 강력하게 시간을 유지하는 장치는 라듐 같은 방사성 물질이다. 라듐은 반감기가 약 1620년으로 저절로 붕괴된다. 다시 말하면, 1620년 이후에 물질의 반이 붕괴될 것이다. 그 후 1620년이 경과하면 남아 있는 물질의 절반이 붕괴되고 이러한 일은 계속 반복될 것이다. 매우 짧은 반감기를 가진 방사성 물질이나 매우 긴 반감기를 가진 방사성 물질은 시간을 재는 어떤 특정한 목적에 맞게 이용될 수 있다. 이 붕괴율은 광범위한 제한 내에서는 물질에 어떤 일이 생기는지에 전혀 영향을 받지 않는다. 망치로 내려치고, 다이너마이트로 폭발시키고, 수백만 도로 가열하고, 우리가 할 수 있는 절대 0도 근처까지 냉각시켜도 반감기는 영향을 받지 않을 것이다. 따라서 방사성 물질은 매우 넓은 영역의 환경에 걸쳐 매우 정확한 시계로 사용될 수 있다. 핵에 고정된 시계는 시계에 아무런 영향을 주지 않고 매우 크게 가속시킬 수 있다. 그러나 우리가 시계에 실제로 가속도를 주는 것은 매우 빠른 입자들을 충돌시킬 때만 가능하다. 이 방법은(이 방법만이) 그처럼 매우 높은 가속도를 전달할 때 사용된다. 그러나 입사 입자가 충분히 강력하다면 라듐핵까지도 붕괴될 수 있다. 따라서 이 시계 역시 매우 높긴 하지만 한계 가속도가 존재한다.

우리가 물리적인 시계만 생각할 필요는 없다. 생물학적인 시계 역시 똑같이 사용할 수 있다. 토끼의 발생이나 섬게의 생식 주기를 사용할 수 있다. 차가 달릴 때처럼 작은 가속도를 토끼에게 가하는 것은 토끼의 발생에 심각한 지장을 주지 않을 것이다. 그러나 만약 정말로 높은 가속도를 토끼에게 가한다면 토끼는 아마 죽을 것이고 섬게도 마찬가지일 것이다. 우리 역시 시계로 이용될 수 있다. 나이를 먹는 것이 시간을 재는 것이고 또 위의 진동수가 배가 고프다는 것을 말해 준다. 그러나 개인차가 매우 크므로 우리는 좋은 시계는 아니다. 그러나 역시 시계이기는 하다. 또한 한계 가속도가 존재한다. 만약 1g이나 2g의 가속도를 받는다면 생각하건대 멀미를 느낄지는 몰라도 우리 모두 괜찮다. 한편 상당한 기간 동안 20g의 가속도를 받는다면 우리는 죽어서 생체 시계는 멈출 것이다. 임의의 시간을 측정하는 이러한 장치가 등속도로 움직이는 한(즉 관성관찰자로서) 모두 같은 시간을 나타낸다. 만약 그렇지 않다면 관성계들을 구별하는 하나의 수단을 가지게 되어 상대성 이론에 위배되기 때문이다. 상대성 이론에 의하면 관성계들을 구별하는 방법은 존재하지 않아서 이러한 다른 생체 시계들이 나타내는 시간의 비는 모든 관성 관찰자들에 대해서 동일해야 한다.

쌍둥이 '역설'

알프레드, 브라이언과 찰스의 실험에서 세 사람 모두 관성 관찰자였으나 브라이언이 찰스에게 던진 소년은 관성 관찰자가 아니었다. 소년에게는 가속되는 기간이 있었다. 만약 이 전달이 환경이 허용되는 한 빨리 이루어졌다면, 의심할 여지 없이 소년은 즉사하게 되었을 것이다. 그러나 브라이언이 아들 대신에 적당한 방사성 물질이 든 주머니를 사용했다면, 방사성 물질의 붕괴되는 성질 때문에 큰 가속도가 관련됨에도 불구하고 전달된 후에도 찰스에게 완벽한 시계로 작용할 것이다.

그 실험에서 우리가 만약 시간을 모두 수 시간에서 수년으로 바꾼다면, 브라이언에서 찰스까지 좀 더 천천히(즉 작은 가속도로) 전달할 수 있고 생물체도 살아남을 수 있는 가속도를 가지는 상황을 만들 수 있다. 이런 형태로 사용되는 예가 쌍둥이 역설로 불리는 것이다. 알프레드와 브라이언을 함께 사는 쌍둥이라고 하자. 브라이언은 그가 살아남을 수 있는 가속도로 움직이기 시작해서 더 큰 가속도에 의해 찰스와 함께 되돌아올 수 있도록 속도를 바꾸었다. 그리고 나서 또 다른 가속 기간에 의해 브라이언은 알프레드 근처에서 정지하게 되었다.

우리가 본 것처럼 브라이언과 찰스가 측정한 시간은 알프레드가 측정한 시간 간격보다 짧다. 따라서 브라이언은 결국 알프레드와 다시 살 것이지만, 알프레드만큼 나이 먹지는 않았을 것이다. 그들은 나이가 다른 쌍둥이가 될 것이다. 물론 이것을 역설이라 부르기는 좀 그렇다. 브라이언의 생애에서 여러 가속기간이 있었고, 알프레드는 항상 관성계였으므로 어떤 형태의 역설도 관련되지 않았다. 때때로 사람들은 브라이언이 어떻게 비교적 짧은 가속 기간 동안 시간을 잃어버릴 수 있었는지 혼란스러워 한다. 그들이 말하는 것처럼 비교적 짧은 가속 기간 동안에 이 시간들이 어떻게 짧아질 수 있었을까? 이러한 논의는 잘못되었다. 그것은 브라이언이 어쨌든 시간을 '잃었다'라는 숨겨진 가정에 근거를 둔다. 이러한 종류의 일은 전혀 발생하지 않았다. 브라이언은 '자신의' 시간을 측정했고 알프레드도 '자신의' 시간을 쟀다. 이 두 시간이 같다고 믿어야 할 아무런 근거가 없다. 시간이 경로에 의존하는 양이기 때문에 보편적인 시간이 존재하지 않는다.

이 상황은 한 도시에서 다른 도시로 드라이브할 때와 매우 유사하다. 가장 짧은 경로는 직선이다. 한 운전사가 두 개의 직선이 짧고 급격한 곡선으로 연결된 긴 경로를 따라 여행하면 이 운전사는 그의 경로상에 곡선이 있기 때문에 더 큰 마일 수를 가게 될 것이다. 그러나 여분의 마일 수는 '곡선에' 있지 않고 '곡선 때문에' 생긴 것이다. 가장 짧은 길이는 단 하나 있는데 이것은 두 점 사이에 직선이 오직 한 개 존재하기 때문이다. 다른 모든 선은 반드시 조금은 휘어진 것이다. 여분의 마일 수는 어쨌든 휘어진 곳에서 머무는 시간이 전혀 없어도 이 휘어짐 때문이다. 마찬가지로 관찰자들의 처음과 마지막 만남 사이의 시간을 브라이언이 측정했을 때 짧은 것은 브라이언에게 가속 기간이 '있었기' 때문이지 이 가속 기간 동안 어떤 방법으로 시간이 그에게 정지한 채로 있다거나 혹은 거꾸로 간다고 말하는 것은 불가능하다.

처음 만남에서 마지막 만남까지 가속도 없이 가는 방법은 단 한 가지이다—즉, 알프레드가 한 것처럼 관성 모드로 여행하는 것이다. 그 외의 다른 어떤 방법으로는 가속도가 연관되고 이것은 그러한 관찰자에게 걸린 시간은 관성 관찰자가 기록한 시간보다 짧다는 것을 의미한다.

우리는 우주 공간에서 얼마나 멀리 여행할 수 있을까?

이것은 조금은 환상적인 질문을 불러일으킨다. 우리의 생물학적인 한계 내에서 공간에서 얼마나 멀리 여행할 수 있을까? 기술이 진보된 우리 시대이지만 여러 가지 중요한 기술적 한계는 전혀 고려하지 않고 우주여행에 국한하려고 한다. 또 우리가 견딜 수 있는 가속도와 여행자가 측정했을 때 우리가 살아남을 수 있는 길이의 시간 여행까지로 제한하려고 한다. 항상 가속도 g를 받고 있는 우주선으로 여행한다고 가정하자. 이것은 지구가 우리 주위에서 형성하는 중력장과 똑같다. 따라서 이 우주선에서 생활은 매우 편안하다. 몇 년이 지나면 광속에 매우 근접하는 매우 빠른 속도를 얻게 될 것이다. 따라서 우리는 이런 여행을 유용하게 생각할 수 있다.

어느 기간 동안 가령, 일생의 10년을 가속도 g로 여기에서 출발한다고 하자. 그러고 난 뒤 로켓을 반대 방향으로 방향을 바꾸어서 같은 가속도 g로 우리의 측정상 20년 동안 반대 방향으로 여행한다. 그러한 변화는 순간적으로 동의할 수 없을 수도 있지만 이러한 종류의 일이 우리에게 어떤 영구적인 상처를 주지 않는다는 것을 안다. 처음 10년 동안 출발점에 대한 어떤 상대 속도를 얻었기 때문에 방향이 반대인 가속도로 가는 다음 10년은 출발점에 대한 이 운동을 정지시키기 위해 필요하다. 그리고 그다음 10년은 로켓을 반대 방향의 같은 속력으로 만들어줄 것이다. 가속도의 방향을 다시 한번 더 바꾸면, 나중의 10년이 정지해 있던 위치로 우리를 되돌려줄 것이다. 따라서 이 여행에서 우리는 일생에서 적당하게 많은 40살을 먹을 것이다.

그러나 지구에서 보면, 대부분의 여행 기간 동안 거의 광속도로 여행하고 있었으므로 우리는 엄청난 속도로 움직이고 있었다. 실제로 지구상의 관찰자가 보았을 때, 이 여행에서 가장 먼 지점은 지구로부터 24,000광년으로 증명되었다. 물론 지구상의 사람들은 지구에 대해 상대적으로 그렇게 높은 속력으로 우리가 여행하는 것보다 훨씬 더 많은 시간이 경과했음을 알고 있다. 우리가 돌아왔을 때 상황은 매우 달라졌다. 지구는 우리가 떠났을 때보다 48,004년이나 지났다. 아마 우리 중 그러한 경험을 하려는 사람은 없을 것이다. 그러나 그럼에도 불구하고 이로부터 생물학적으로 우리에게 어떤 일이 가능한가 하는 아이디어를 얻을 수 있다.

이렇게 해서 우주에서 약 24,000광년 떨어진 장소까지 여행할 수 있는데 이 거리는 다른 은하만큼 멀지는 않지만 거의 우리 은하의 중심까지의 거리이다.

만약 우리가 40년 동안 2g의 가속도를 받을 수 있다면 60억 광년이나 떨어져 있는 먼 은하까지 여행할 수 있을 것이고, 따라서 지구가 120억 년이나 더 지난 후에 돌아올 것이다. 현재의 가장 진보된 로켓 기술자들이 이 기간 동안 그러한 가속도를 유지할 수 있는 로켓을 만드는 것을 꿈꿀 수 없다 해도 훨씬 뒷세대에 우리가 다시 돌아온다는 것만이 심각한 문제이다. 이 제한은 단지 기술상의 문제이지 생물학적인 문제는 아니다.

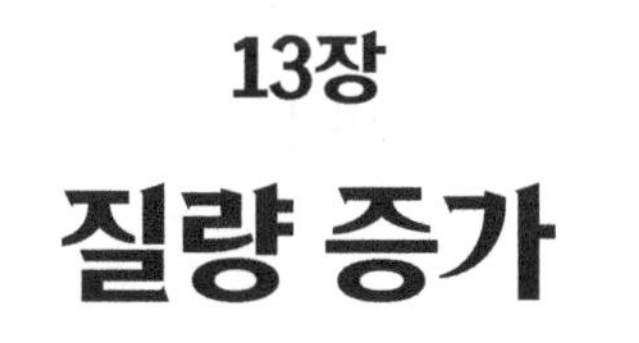

13장

질량 증가

우리들의 연구는 뉴턴 상대성 이론을 유도하는 뉴턴 역학에서 출발했다. 뉴턴 상대성 이론에 광학에서 빛의 개념이 기본적이고 유일한 물질이라는 것이 부가되어서 아인슈타인의 상대성 이론이 유도되었다. 우리는 줄곧 빛의 신호를 보내는 기술을 이용해서 이 이론의 여러 결론을 이끌어 냈다. 이번 장에서는 역학으로 되돌아와서 저속에서 적용된다고 알려져 있는 뉴턴 역학이 어떻게 해서 높은 속도가 고려될 때 상대성 이론으로 수정될 수밖에 없었나를 살펴볼 것이다.

시간 팽창

우선, 시간의 개념을 좀 더 자세히 살펴보아야 한다. 또다시 우리들의 친구 알프레드와 브라이언이 두 관성 관찰자로 되돌아오자. 둘 다 자신들의 시계로 정오 12시에 같은 장소에 있었으나 이 만남 이후에 발사 간격과 수신 간격의 비가 2:3으로 되는 속력으로 움직이고 있었다. 따라서 알프레드가 브라이언을 만나고 나서 그의 시계로 40분 후에 발사한 광선은 브라이언의 시계로는 알프레드와 만남 이후 60분이 지나서 도착할 것이다. 브라이언이 이 빛을 즉시 다시 발사해서 알프레드는 만나고 나서 90분 후에 이 빛을 수신하게 될 것이다.

따라서, 만약 알프레드가 브라이언이 이 빛을 다시 발사하는 순간에 시간을 지정하려고 한다면, 그 시간은 그들이 만난 이후 40분과 90분의 중간인 65분일 것이다. 비록 이 순간이 브라이언의 시계로는 만나고 나서 겨우 60분 이후일지라도, 알프레드는 만나고 나서 65분 이후라고 알게 된다. 여기서 중요한 점은 알프레드가 자신의 시계로 오후 1:30일 때 브라이언의 시계가 만나고 나서 60분 후인 오후 1:00를 가리키는 것을 본다는 점이 아니라 알프레드가 빛의 이동시간을 정하는 유일한 방법은 펄스의 발사 시간과 수신 시간의 평균을 취하는 것뿐이어서 이 시간은 오후 1:05이라는 점이다. 이 경우 역시 그의 시간은 브라이언의 시간과 일치하지 않고, 빛의 이동시간을 60분보다 빠른 자신의 시간 65분으로 정할 경우 브라이언의 시계는 여전히 알프레드에게 천천히 가는 것처럼 여겨진다. 만약 브라이언이 빨리 움직이면 이 효과는 자연스럽게 더 증가하게 될 것이다. 앞서 행한 것을 한 번 더 하면, 이번에는 발사 시간과 수신 시간 사이의 비가 3:1이어서 브라이언의 시계로 오후 1:00에 브라이언에게 도착하는 빛은 알프레드의 시계로는 오후 12:20에 발사되어야만 한다. 반사파는 알프레드의 시계로 오후 3:00에 알프레드에게 도착할 것이다. 이 두 시간 즉, 오후 12:20과 오후 3:00의 중간은 오후 1:40이고 이것이 반사 순간이라고 알프레드가 정한 시간이며 브라이언의 시계로는 오후 1:00이다. 따라서 알프레드의 관측에 의하면 알프레드의 시계로 100분(정오 12:00에서 오후 1:40까지) 걸리는 여행 시간을 60분 만에 가는 브라이언의 시계가 천천히 간다는 것은 역시 사실이다. 이것이 시간 팽창 혹은 시간 지연이다. 이 장의 나머지 부분에 쭉 이용될 두 번째 경우는 비가 100:60(5:3)이다.

다음으로, 브라이언은 피트로 표시된 자를 가지고 있는데 그 가 알프레드를 보는 직각 방향으로 고정시켰고, 알프레드 역시 비슷한 자로 브라이언의 자와 평행하게 고정시켰다고 가정하자. 즉 알프레드가 브라이언을 보는 방향에 대해 역시 직각 방향이다. 그러면 브라이언의 자가 1피트일 때 알프레드에게 1피트로 보이고 그 역도 성립한다. 왜냐하면 알프레드가 자를 따라 1피트 움직이면 자의 직각 방향에는 브라이언의 자의 1피트 표시가 있을 것이기 때문이다. 한 자의 길이를 다른 자의 길이로 바꾸는 것은 전혀 어렵지 않다—그 길이는 단순히 일치하기 때문이다.

이제 브라이언의 측정으로 시속 60마일로 브라이언의 자를 따라 움직이는 입자가 하나 있다고 가정하자. 알프레드에게는 이 입자의 속력이 얼마로 보이겠는가? 브라이언의 자로 어떤 일정한 거리를 주어진 시간에 지나가면 알프레드는 이 거리에 완전히 동의할 것이다. 브라이언의 자에서 잰 거리를 알프레드의 거리로 바꾸는 것은 전혀 어렵지 않다. 그러나 브라이언이 겨우 60분으로 측정한 시간은 알프레드가 측정하기에는 100분이다.

따라서 알프레드에게 이 입자는 시속 60마일로 움직이는 것이 아니라 겨우 시속 36마일로 움직이고 있다. 왜냐하면 입자가 60마일을 가는데 걸린 시간은 브라이언이 보기에 60분이고 알프레드에게는 100분으로 나타났기 때문에 100분 동안 60마일을 움직였으므로 시속 36마일에 해당한다. 따라서 길이는 변하지 않고 시간은 지연되는 것으로 나타났기 때문에 브라이언이 이 입자의 속도를 1로 측정한 것이 알프레드에게는 겨우 60%의 속도로 나타난다.

질량 증가

이제 역학적으로 근본적인 양은 속도가 아니고 운동량이다. 여러분은 뉴턴 역학의 중요한 개념인 이 운동량이 속도와 질량의 곱이며 보존 법칙을 만족한다는 것을 기억할 것이다.

현재의 목적상 운동량을 간단히 측정하는 것을 고려하려고 한다. 예를 들면, 탄환이 통과할 수 있는 가장 두꺼운 강판의 두께로 탄환의 운동량을 측정할 수 있다. 탄환의 모양이나 재질 같은 복잡한 인자는 그냥 둔 채 통과 과정이 강판의 면에 직각 성분의 탄환의 운동량에 의해 완전히 결정된다고 가정해 보자. 만약 브라이언이 특정한 종류의 탄환을 특정한 속도로 발사한다면 이 탄환이 통과할 수 있는 강판 두께의 최댓값을 결정할 수 있다. 브라이언의 관점에서 만약 강판이 탄환의 경로에 직각이면 그가 측정한 것은 강판의 두께를 나타내는 옳은 방향일 것이다. 알프레드는 강판의 가장자리를 보기 때문에, 브라이언이 측정한 두께에 동의할 것이다. 따라서 알프레드는 브라이언이 발사한 탄환의 운동량을 추론할 수 있고 브라이언과 같은 값을 얻게 된다. 한편, 브라이언이 발사한 탄환을 알프레드가 가로 방향으로 측정했을 때 이 값은 브라이언이 측정한 값의 겨우 60%(3/5)이다. 요구한 바와 같이 브라이언과 운동량이 같은 값을 가지기 위해서 알프레드는 탄환의 질량이 브라이언이 측정한 값의 5/3라고 추론한다. 이러한 질량의 증가는 명백히 시간 지연에 의한 것이고 결국 알프레드에 대한 브라이언의 상대 속도에 의한 것이다. 결국 알프레드의 관점에서는 브라이언의 속도가 브라이언의 탄환의 속도를 증가시켰다. 이 효과는 브라이언의 '모든' 물체의 질량을 증가시켜야만 한다. 왜냐하면 이 모든 물체는 탄환과 마찬가지로 사용할 수 있고 또 탄환처럼 브라이언의 스케일을 결정하는 데 동등하게 사용할 수 있기 때문이다.

이러한 관성 질량의 증가는 다른 양과 쉽게 연관된다. 알프레드의 관점에서, 브라이언의 알프레드에 대한 상대적인 운동은 브라이언과 그가 수반하는 모든 물체가 본질적인 운동 에너지를 가진다는 것을 의미한다.

이 에너지를 광속의 제곱으로 나누면 브라이언의 개개의 물체는 본질적인 추가 질량을 얻게 된다. 광속이 1인 우리의 단위계에서 뉴턴 역학이 적용되는 적당한 속도의 경우 추가 질량은 뉴턴의 운동 에너지인

$$\frac{1}{2}mv^2$$

과 똑같다.

따라서 다른 어떤 경우와 마찬가지로 여기에서도 상대성 이론은 빠른 속도에서의 질량 증가를 '우리의 단위계'에서 운동 에너지와 같아지도록 뉴턴 항을 확장시켜 준다고 가정할 수 있다. 일반적인 단위계로 옮기기 위해서 에너지는 질량, 길이, 그리고 시간으로, 즉 질량과 속도 제곱의 곱으로 주어진다는 것을 관찰한다. 그러므로 광속이 1이 아니라 c인 단위계에서 추가 질량은 운동 에너지를 c^2으로 나눈 값과 같다. 따라서 우리의 결과는 속도의 증가에 따르는 질량의 증가로 해석하거나 에너지의 질량으로 해석할 수 있는데 여기에서 탄환의 추가 질량을 운동에서 관성 질량

으로 간주한다.

첫 번째 해석을 따르면 우리는 질량이 뉴턴 이론에서처럼 상수가 아니라 상대성 이론에서는 속도에 의존하게 된다는 것을 알게 된다. 또 속력이 광속에 근접하게 충분히 커지면 질량의 임의로 커지게 된다는 것을 쉽게 알 수 있다. 만약 9장에서 도입된 '고유 속력'을 사용한다면 운동량이 고유 속력과 속도에 의존하는 질량의 곱으로 얻어진다는 것은 주목할만한 가치가 있다. 입자가 광속보다 그리 작지 않은 속력으로 움직이고 있을 때 입자의 질량은 정지하고 있을 때의 질량, 즉 정지 질량보다 매우 커진다. 입자가 물체와 더 세게 충돌할 수 있도록 입자에 더 많은 에너지를 주면 입자의 속력은 거의 증가하지 않지만 입자를 더 무겁게 함으로써 에너지와 타격력이 증가한다.

이 과정에는 한계가 없다. 이 효과의 자세하고 정확한 관찰은 아마 상대성 이론의 최상의 검출이 될 것이다.

양성자의 가속

한 예로, 제네바 근처의 메이린에 있는 거대한 유럽 공동입자가속기(CERN)에서 움직이는 양성자를 고려해 보자. 세계에서 가장 큰 가속기인 이 가속기가 양성자에 전달할 수 있는 최대 에너지는 핵물리학자들이 사용하는 단위로 28BeV이다.[13] 이 에너지에서 앞에서 논의한 의미에서 양

13 전자볼트(eV)는 전자가 1V의 장에서 가속될 때 얻는 에너지이다. 텔레비전 브라운관에서 전자에 의해 생

성자의 질량은 양성자의 정지 질량의 약 30배이다. 양성자는 광속(초속 186,000마일)보다 겨우 초속 100마일 낮은 속도로 움직인다. 더 자세한 예로 양성자가 이 속도로 가속되고 있을 때 무슨 일이 일어나는지 고려해 보자. 양성자의 에너지가 최종 에너지의 95%일 때, 양성자의 속력은 최종 속력보다 광속의 겨우 1/18,000—즉 초속 약 10마일—다르다. 사실 이 차이 만큼의 속도는 최근에 발사된 우주 탐색선의 최고 속력과 크게 다르지 않다. 따라서 마지막으로 증가한 에너지는 상대적으로 양성자의 속력에 거의 추가되지 않는다. 에너지 증가의 실제 목적은 양성자의 질량을 더해 주는 것이다. 따라서 이 경우의 에너지 증가는 속도를 거의 증가시키지 않는 반면에 질량을 증가시킴으로써 타격력을 증가시킨다.

이 입자의 운동 에너지를 살펴보면 에너지가 질량으로 가지는 것으로 나타나서 두 가지 질문이 떠오른다.

(1) 모든 형태의 에너지(예를 들면 빛과 다른 복사, 핵에너지 등등)가 질량을 갖는가 아니면 이러한 성질은 운동 에너지에 국한되는가?

(2) 증가한 이러한 입자들의 약간의 질량은 에너지를 나타내는데, 정지 질량(정지해 있을 때의 질량) 역시 어떤 형태의 에너지를 나타내는가?

(1)의 경우, 모든 형태의 에너지는 분명히 질량을 갖는다. 에너지의 가

기는 빛은 화면을 약 10,000EV로 친다. 1BEV는 1,000,000,000,000EV이고 6BEV는 약 1와트 초(W·S)에 해당한다. 위의 경우의 양성자는 비록 아주 작지만(양성자의 질량의 21×백만×백만×백만×백만 배가 1온스에 해당할 정도!) 그 에너지는 작은 전구 하나라서 1초 동안 발하는 열과 빛(5와트)에 해당한다

장 특징적인 성질은 호환성이다. (예를 들어 연쇄적 변화를 고려해 보자: 석탄의 화학 에너지—발전소에서 증기의 열 에너지—도선에서 전기 에너지—전기 기차의 운동 에너지) 만약 한 가지 형태의 에너지에서 다른 에너지로의 변화가 질량을 변하게 하면 운동량 보존 법칙을 위배할 것이다. 운동량 보존 법칙은 경험에서 얻은 명백한 결론이며 내부 변화는 전혀 고려하지 않는다.

엔진을 끈 채 등속도로 여행하고 있는 우주선을 상상해 보자. 우주선에 탄 사람들은 요리를 할 때나 세탁기를 사용할 때도 건전지 같은 저장된 에너지를 사용한다. 보존 법칙에 의하면, 이러한 내부의 변화는 전체계의 운동량을 변화시키지 않는다. 따라서 만약 우주선이 이러한 일들을 하기 전에 한 관성 관찰자에 대해 상대적으로 정지해 있다면 그 일을 한 이후에도 관찰자에 대해 정지해 있어야만 한다. 따라서 또 다른 관성 관찰자에 대해서 우주선은 상대 속도가 변하지 않는다. 우주선의 운동량이 일정하기 때문에 질량도 일정해야만 한다. 그러므로 전지의 에너지는 세탁기의 운동 에너지였을 때나 요리할 때 열에너지 등등이었을 때 같은 질량을 가져야만 한다.

아인슈타인의 방정식

아인슈타인의 유명한 식으로 주어지는 운동 에너지의 경우처럼 모든 형태의 에너지는 질량을 가진다.

$E=mc^2$

(Energy) = (Mass) × (Velocity of light)^2

상대성 이론 이전의 몇 가지 연구에서 아인슈타인은 다른 방법을 사용해서 에너지가 질량을 가진다는 것을 확립했다. 우선 무게가 아닌 질량을 어떻게 알 수 있나 고려해 보자(무게는 우리가 살고 있는 중력장의 특정한 지역적 조건에 의한 것이다). 근본적으로 질량에 대한 지식은 힘과의 관계에서 비롯되고 2장에서 이 관계가 어떻게 운동을 고려할 수 있게 유도했는지 살펴보았다. 운동량의 개념은 계의 내부에 무슨 일이 일어났는지 상관하지 않고 전체 계(2장의 아기와 유모차)에 적용되기 때문에 매우 중요하다. 특히 '외력'이 계에 전혀 작용하지 않을 때, 계 내부에서 어떤 일이 진행되더라도 계의 운동량은 변할 수 없다. 운동량이 계의 질량 중심의 운동을 지배하기 때문에 만약 이 질량 중심이 처음에 정지해 있었다면, 질량 중심은 외부로부터 계에 힘이 전혀 작용하지 않으면 계 내부에서 무슨 일이 일어나든지 간에 정지한 채로 남아 있을 것이다. 이 모든 것은 자신의 구두끈으로 스스로 자신을 끌어올릴 수 없다고 말하는 것과 똑같은 진술이다.

특별한 예로, 평평한 수평 탁자 위에 놓여 있는 긴 상자를 고려해 보자(그림 32 참조). 만약 이 상자를 미는 사람이 없고, 상자의 질량 중심이 초기에 정지해 있었다면 상자 내부에서 일어나는 일에 상관없이 정지한 채로 남아 있을 것이다. 그러나 이것이 상자의 외부가 항상 정지해 있을 거라는 것을 반드시 의미하는 것은 아니다. 만약 상자 내부에서 질량이 주위로 이동한다면 상자에 대한 질량 중심의 위치는 변할 것이다. 그리고 상자는 질량 중심이 변하지 않은 채로 움직일 것이다.

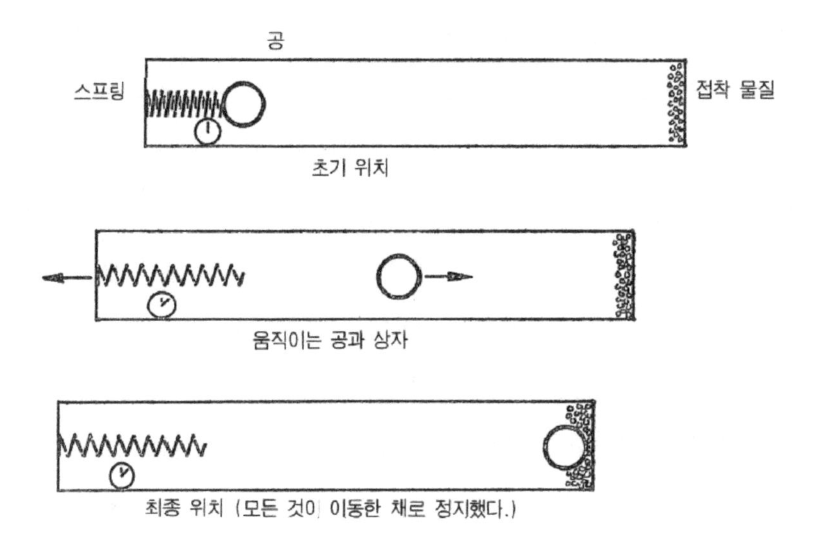

그림 32

이제 상자 안의 한쪽 끝에 공 한 개와 시계를 조종하는 방아쇠가 부착된 고성능의 압축된 스프링이 있다고 가정하자. 어느 한 시간에 방아쇠가 당겨져서 스프링이 늘어나고, 공은 상자를 잡을 수 있도록 접착 물질을 칠해 놓았다. 이 상자에 무슨 일이 일어날까?

이 실험은 총을 쏘는 것과 똑같다. 반작용으로 인해 상자는 공의 반대 방향으로 움직이기 시작한다. 전체 계(상자와 공)의 중심은 공간에 고정되어 있지만 상자는 움직이고 있다. 따라서 상자는 공의 운동 방향의 반대 방향으로 움직인다. 이 운동은 공이 끈끈한 벽을 쳐서 그 충격으로 인해 상자가 멈출 때까지 계속된다. 외부 관찰자가 볼 수 있는 것은 초기에 정지해 있던 상자가 갑자기 움직이기 시작해서 상자의 최종 위치가 처음 위치와 다른 곳에서 역시 갑자기 정지하게 되는 것이다. 만약 외부 관찰자가 운동량 보존 법칙을 알고 있다면 처음에 정지해 있던 전체 계(상자와 내용물)의 질량 중심은 외력이 전혀 작용하지 않았기 때문에 항상 같은 장소에 남아 있어야만 한다는 것을 알게 될 것이다. 따라서 그는 상자의 위치 이동이 상자 속 (공의) 질량의 이동에 기인한 것에 틀림없다는 것을 추론해야만 한다. 만약 그가 공이 얼마나 멀리 움직였고 (스프링과 시계를 포함한) 상자의 질량을 들어서 알고 있다면, 상자의 위치 이동으로부터 공의 질량을 추론할 수 있을 것이다.

이 예는 뉴턴 역학의 직접적인 적용이며 뉴턴 스스로 쉽게 얻을 수 있었다. 아인슈타인이 이 예에서 공을 빛의 섬광으로 대체했을 때 그의 새로운 통찰력이 나타났다.

아인슈타인의 논증에 필요한 빛의 중요한 성질은 빛이 압력을 준다는 것이다. 만약 빛이 검은 면에 (흡수되도록) 부딪히면 빛은 검은 면을 민다. 만약 빛이 거울에 (반사되도록) 부딪히면 거울을 2배로 밀 것이다. 적당한 빛의 세기에서는 이 압력은 매우 작지만 압력의 존재는 맥스웰의 빛의 이론(상대성 이론보다 40년 전에 나왔다)에서 직접적으로 유도되고 충분히 주의를 하면 검증할 수 있다. 빛이 작은 물레방아를 돌게 하는 장치는 과학박물관에서 유명한 모델이고 광학자들은 종종 창가에 이것을 전시한다.

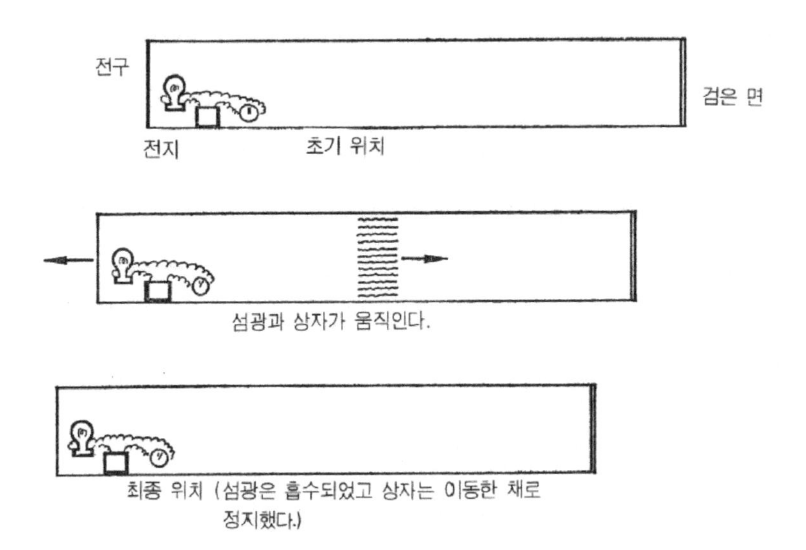

그림 33

이번엔 짧고 강한 섬광을 발사하는 전구와 전기를 연결하는 스위치로 작동하는 시계가 포함된 똑같은 상자를 가정하자(그림 23). 전구에서 먼 벽면은 검은데 이 면만 제외하고 상자의 모든 벽은 번쩍거려서 빛을 반사한다. 스위치가 닫혔을 때 전구는 모든 방향으로 빛을 발사한다. 전구를 한쪽 면에 가까이 설치하면, 빛의 절반은 이 가까운 면에서 되튀어서 이 면에 압력을 가하고 이 압력은 상자를 움직이게 한다. 잠시 후 섬광이 검은 면에 부딪힐 때(빛이 상자를 따라 움직이는 경우에도 시간이 조금은 걸린다!)

이 모든 빛은 상자를 다시 정지하도록 압력을 미친다. 따라서 외부 관찰자에게는 이론적으로 이 상황은 공의 상황과 동일하다. 초기에 정지해 있던 상자가 갑자기 움직이기 시작해서 다른 위치에서 또다시 갑자기 정지하게 된다. 그러므로 관찰자는 전구 쪽 면에서 검은 면으로 '질량이 옮겨졌다'라고 추론해야만 한다. 그리고 그 관찰자는 상자의 변위로부터 질량의 크기를 계산할 수 있다. 맥스웰의 빛의 이론은 검은 면 위에서 빛의 압력은 빛의 세기를 광속으로 나눈 것과 같음을 보여준다. 이 관계식을 빛의 이동 시간 및 섬광 지속 시간과 결합해서 아인슈타인은 옮겨진 질량이 섬광의 에너지를 광속의 제곱으로 나눈 양과 같다는 것을 발견했다.

확실히 에너지는 상자를 전구 쪽 면에서 (상자에서 에너지는 원래 전지에 저장되어 있었다) 검은 면으로 옮겨졌다. 검은 면은 빛을 흡수해서 가열되었다. 아인슈타인의 이상적인 실험으로 이러한 에너지 E의 전달은 질량 m의 전달에 의해 수반되고 이 두 양은

$$E=mc^2$$

에 의해 서로 연결되어 있다는 것을 보았다. 따라서 빛 에너지는 운동 에너지와 마찬가지로 질량을 가진다. 이러한 지식에서 출발하면, '모든' 에너지는 이 관계식에 부합되는 질량을 가진다는 결론을 전과 마찬가지로 추론할 수 있다.

이제 정지 질량 역시 에너지로 나타나는가 하는 질문에서는 핵물리학

으로 방향을 돌려야 하겠다. 모든 핵은 양성자와 중성자로 구성되어 있다. 핵의 질량은 구성된 양성자와 중성자들의 질량의 합보다 작다(약 1% 정도). 차이는 양성자와 중성자가 복합체인 핵을 만들기 위해 용융될 때 소모된(방사되어 없어진) 에너지로 설명된다. 핵에너지(원자폭탄, 원자력 발전소)의 단서는 여기에 있다. 즉, 질량과 에너지의 완전한 등가를 증명한다. 따라서 아인슈타인의 이론은 광학과 역학을 통합했고, 시간과 공간의 의미를 명확히 했을 뿐 아니라 질량과 에너지의 개념까지도 통합했다.

이론과 관찰

여기에서는 상대성 이론에 대한 우리의 간략한 개관을 결론지으려 한다. 나는 한때 매우 신비스럽게 고려되었던 이 이론이 실제로 일상적인 아이디어의 높은 속도 영역에 대한 가장 명확하고 명쾌한 확장에 지나지 않음을 보여 주었기를 희망한다.

상대성 이론에 익숙하지 않은 것은 단지 높은 속도가 익숙하지 않기 때문이다. 높은 속도의 세계를 다른 어떤 방법으로도 그렇게 간단명료하게 기술할 수 없을 것이다. 그러나 과학 이론의 중요한 목적은 단지 간단명료하게 하는 것도 아니며 풍부한 경험과 관찰의 통일만도 아니다. 그 목적은 우리가 여기에서 말한 것처럼 사실들을 짜 맞추어야 하는 데 있다. 상대성 이론만큼 확인하고 검사하고 또 대조 확인한 이론은 아마 물리학의 다른 분야에서는 없을 것이다. 물론, 문제를 단순하게 하려고 우리가 여기서 고려했던 모든 이상 실험 자체가 실제로 검증된 것은 아니다. 그러나 우리가 고려했던 실험들의 상황에는 이 이론이 그런 특정한 상황에도 정확히 들어맞는다는 것을 말해 주는 이론과 관찰의 연결점들이 많다.

입자 가속기나 광학에 관계없이 어디에서나 높은 속력이 발생하면 상대성 이론은 어디서나 관찰을 완벽하게 검사해 왔다. 상대성 이론은 우리들의 자연에 대한 이해에 모든 물리 이론이 잘 짜 맞추어져야 한다고 믿는 기준계를 더 추가했다. 만약 상대성 이론이 어렵지 않고 신비하지 않다는 것을 보여 줄 수 있으면 이 책은 그 목적을 달성한 셈이다.